Pitsch

Prof. Dr.-Ing. Erwin Knublauch

Einführung
in den Schallschutz
im Hochbau

Werner-Verlag

1. Auflage 1981
52 Abbildungen

CIP-Kurztitelaufnahme der Deutschen Bibliothek

Knublauch, Erwin:
Einführung in den Schallschutz im Hochbau/
Erwin Knublauch. – Düsseldorf: Werner, 1981.
(Werner-Ingenieur-Texte; 64)
ISBN 3-8041-2378-3
NE: GT

ISSN 0341-0307

ISBN 3-8041-2378-3

© Werner-Verlag GmbH · Düsseldorf · 1981
Printed in Germany
Zahlenangaben ohne Gewähr
Offsetdruck: RODRUCK, Düsseldorf
Archiv-Nr.: 614/2-5.81
Best.-Nr.: 23783

Vorwort

Der Schutz des eigenen Wohn- und Arbeitsbereiches vor Lärm aus der Nachbarschaft erlangt als Maßnahme des baulichen Umweltschutzes eine zunehmende Bedeutung. Die im Bauwesen bei Planung und Ausführung von Schallschutzmaßnahmen vielfach übliche rezeptartige Anwendung von Lösungsvorschlägen der Baukonstruktionslehre reicht in vielen Fällen nicht mehr aus und führt im Wechselspiel mit anderen bautechnischen Anforderungen aus den Bereichen Standsicherheit, Wärmeschutz, Brandschutz usw. immer häufiger zu unbefriedigenden Ergebnissen.

Das Buch wendet sich daher an Studenten des Bauingenieurwesens und der Architektur, sowie an alle, die sich rasch in die Grundlagen des baulichen Schallschutzes einarbeiten wollen. Es erläutert zunächst die Begriffe, die für das Verständnis des technischen Regelwerkes unerläßlich sind. Sodann werden die Schallschutzanforderungen der Landesbauordnungen und deren Konkretisierung im Technischen Regelwerk vorgestellt und deren Hintergründe erläutert. Weiten Raum nimmt die Darstellung des prinzipiellen schalltechnischen Verhaltens von Bauteilen ein, wobei bewußt auf die theoretische Begründung verzichtet wird. Dies erlaubt schließlich die Darstellung der Prinzipe der Bauteilkonstruktionen mit bestimmten schalltechnischen Eigenschaften. Hiermit soll allerdings nicht eine Anleitung zum selbständigen Entwerfen von Hochbaukonstruktionen gegeben werden. Vielmehr soll z. B. in der Phase der Entscheidungsfindung bei der Auswahl unter mehreren vorgegebenen Konstruktionen eine Hilfestellung aus der Sicht der Bauphysik gegeben werden.

Hagen, im April 1981   *Prof. Dr.-Ing. Erwin Knublauch*

Inhaltsverzeichnis

1 **Einführung und Begriffe** 1
  1.1 Über das Hören 1
    1.1.1 Frequenz und Schallpegel 1
    1.1.2 Schallpegel und Lautstärke 7
    1.1.3 Anmerkungen zu einigen besonderen Ergebnissen
         beim Rechnen mit Pegeln 11
  1.2 Schalldämpfung, Schallabsorption 14
  1.3 Luftschalldämmung und deren Einzahl-Angaben 17
    1.3.1 Luftschalldämmung zusammengesetzter Flächen . . 25
    1.3.2 Luftschallübertragung über Schächte und Kanäle . . 27
  1.4 Trittschalldämmung und deren Einzahl-Angaben 28
  1.5 Schalldämmung von haustechnischen Anlagen 36

2 **Anforderungen an den Schallschutz im Hochbau** 40
  2.1 Ausgangsüberlegungen für gesetzliche Bestimmungen 40
    2.1.1 Schallschutz in der Bauordnung 43
  2.1 DIN 4109 als technische Baubestimmung 46
    2.2.1 Luft- und Trittschalldämmung in Gebäuden 49
    2.2.2 Luftschalldämmung gegen Außenlärm 62
    2.2.3 Schutz vor Geräuschen aus haustechnischen
         Anlagen 63
  2.3 Beispiel: Schallschutzanforderungen im Wohnungsbau . . . 71
  2.4 Nachweis des ausreichenden Mindestschallschutz 75

3 **Prinzipielles zur Luft- und Trittschalldämmung von**
Bauteilen 78
  3.1 Einschalige Bauteile 78
    3.1.1 Luftschalldämmung und bewertetes
         Schalldämm-Maß 79
    3.1.2 Trittschallpegel und äquivalentes Trittschall-
         schutzmaß 84
  3.2 Zweischalige Bauteile 87
    3.2.1 Luftschalldämmung und bewertetes
         Schalldämm-Maß 88
    3.2.2 Trittschallminderung und Trittschallschutzmaß . . . 97

3.3 Schallübertragung über Nebenwege 104
    3.3.1 Übertragung über flankierende Bauteile 105
    3.3.2 Übertragung über Undichtheiten, Schächte und
        Kanäle 115

4 Über Konstruktion und Ausführung ausgewählter Bauteile . . 120
  4.1 Geschoßdecken 120
    4.1.1 Massive Decken 120
    4.1.2 Holzbalkendecken 125
  4.2 Treppen und Treppenpodeste in Treppenräumen 127
  4.3 (Trenn-) Wände 129
    4.3.1 Einschalige Wände 129
    4.3.2 Zweischalige Wände 133
  4.4 Dächer 141
  4.5 Türen und Fenster 143

Literaturhinweise 151

Stichwortverzeichnis 156

1 Einführung und Begriffe

1.1 Über das Hören

1.1.1 Frequenz und Schallpegel

Wir Menschen besitzen in unseren Ohren ein Sinnesorgan, das mittels Trommelfell Schwankungen des Druckes der uns umgebenden Luft wahrnehmen kann. Für den statischen oder nur langsam veränderlichen Druck, z. B. im Gefolge meteorologischer Vorgänge oder bei der Benutzung eines Aufzuges, ist das Ohr dagegen unempfindlich, weil die durch den äußeren Gehörgang einwirkenden Druckänderungen durch gleiche durch Nase und Eustachscher Röhre ins Mittelohr gelangenden Druckänderungen ausgeglichen werden und sich am Trommelfell aufheben. Oberhalb von mehr als 16 bis 20 Druckänderungen pro Sekunde kann ein solcher Druckausgleich nicht mehr erfolgen; das Trommelfell erfährt durch Druckschwankungen Verschiebungen, die von den Mittelohrknochen auf das Innenohr übertragen werden und dort Nervenenden erregen: Wir hören. Die mechanische Übertragungskette im Ohr kann (u. a. wegen der Massenträgheit) auch nicht beliebig raschen Druckschwankungen folgen, so daß bei mehr als 16 000 bis 20 000 Schwankungen pro Sekunde ein Höreindruck nicht mehr erzeugt wird.

Erfolgen die Druckschwankungen harmonisch, z. B. wie in Abb. 1 dargestellt, so erfolgen Druckschwankungen mit konstanter Frequenz (Schwingungszahl pro Sekunde) f. [16]*) Wir hören einen reinen Ton. Die Einheit der Frequenz heißt definitionsgemäß s^{-1} oder als besonderer Name hierfür Hertz (Hz).

Mit zunehmender Frequenz nimmt innerhalb des bereits beschriebenen Hörbereiches, verabredungsgemäß $16 < f < 16\,000$ Hz, die Tonhöhe zu. Der für Meßzwecke häufig verwendete Meßton (z. B. das Zeitzeichen der Bundespost) hat eine Frequenz von 1 000 Hz, der tiefere, als Freizeichen aus dem Hörer des Telefons abgegebene Ton, hat eine Frequenz zwischen 400 und ca. 500 Hz.

---

*) Literaturverzeichnis s. Seite 151

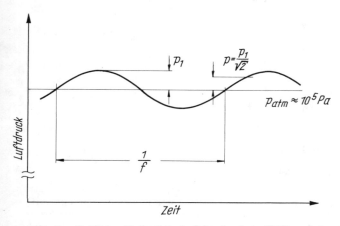

Abb. 1 *Zeitlicher Verlauf des Luftdruckes beim Erklingen eines Tones der Frequenz f. Der Kehrwert* $1/f$ *heißt auch Schwingungsdauer. Da* p_1 *um mehrere Zehnerpotenzen kleiner ist als* p_{atm} *ist die Ordinate unterbrochen eingezeichnet.*

Mischungen mehrerer reiner Töne sind Klänge oder auch Akkorde, wobei dem Ohr Frequenzen, die im Verhältnis kleiner ganzer Zahlen stehen, besonders harmonisch erscheinen. In Musik und Meßwesen tritt das Frequenzverhältnis 1 : 2 hervor, das Oktave heißt. Zu jedem Grundton läßt sich damit eine Oktavtonreihe bilden, in der Musik vorzugsweise diejenige, die auf dem „Kammerton a" mit f = 440 Hz aufbaut, also z. B. 220, *440*, 880, 1760 Hz usw. und im Meßwesen schließlich diejenige, die 1 000 Hz enthält, also 125, 250, 500, *1 000*, 2 000, 4 000, 8 000, 16 000 Hz. Ein Frequenzverhältnis von 1 : 1,25 oder 4 : 5 heißt in der Musik „große Terz". Dieser Begriff wird auch im Meßwesen übernommen, wobei das genaue Frequenzverhältnis teilweise gerundet wird. Eine Oktave wird nämlich dabei in drei Terzen geteilt. Man erhält so die im Meßwesen überwiegend verwendete Frequenzreihe, bei der benachbarte Frequenzen den Abstand einer Terz haben und drei Terzen genau eine Oktave bilden:

Tabelle 1: Im akustischen Meßwesen überwiegend verwendete Frequenzreihe

... 63, 80, 100 | 125, 160, 200 | 250, 315, 400 | 500, 630, 800 | 1 000, 1 250, 1 600 | 2 000, 2 500, 3 150 | 4 000 ...

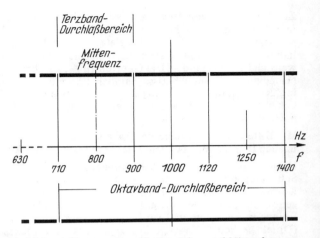

Abb. 2   Schematische Darstellung von Durchlaßbereichen und Mittenfrequenzen von Terz- und Oktavfiltern zur Frequenzanalyse von Geräuschen: Drei Terzbanddurchlaßbereiche ergeben einen Oktavband-Durchlaßbereich. Bei logarithmischer Teilung der Frequenzachse ergeben sich für alle Terz-Mittenfrequenzen einerseits und alle Oktav-Mittenfrequenzen andererseits gleiche Abstände untereinander.

Die mehr oder weniger regellose Mischung beliebiger Töne empfinden wir als Geräusch, also als Brummen bei überwiegend kleinen Frequenzen oder als Kreischen, Quietschen oder Zischen bei überwiegend großen Frequenzen. Besondere Bedeutung im Meßwesen hat ein Geräusch erlangt, das im zeitlichen Mittelwert *alle* Frequenzen (Töne) des Hörbereiches in vergleichbarer Intensität enthält. Dieses Geräusch heißt „weißes Rauschen", wobei der Name aus der Farbe weiß in soweit abgeleistet wurde als diese bekanntlich alle Farben enthält. Dieses Geräusch ist dem Leser bekannt. Es entsteht näherungsweise, wenn ein Radiogerät auf keinen Sender sauber eingestellt ist oder wenn das Fernsehgerät nach dem (abendlichen) Sendeschluß eingeschaltet bleibt.

Um bei akustischen Messungen mit Hilfe dieses Rauschens trotzdem Informationen über die Frequenzverteilung (z. B. der Schalldämmung eines Bauteils) zu erhalten, „zerschneidet" man das Meßgeräusch mit Hilfe von Filtern in „Bänder" (vgl. Abb. 2). Diese Bänder werden gekennzeichnet durch ihre jeweilige Mittenfrequenz und ihren Durchlaßbereich. Stehen die Frequenz des unteren Randes des Bandes zu der des oberen Randes im Frequenzverhältnis 1 : 2, so spricht man von Oktavfiltern, im Falle eines Verhältnisses von 1 : 1,25 von Terzfiltern [37, 38].

Zur Darstellung von Meßergebnissen als Funktion der Frequenz, z. B. in Prüfzeugnissen, wählt man für die Frequenz einen logarithmischen Maßstab. Man zeichnet also log f als Abszisse. In dieser Darstellung erhalten Töne mit immer gleichen Tonabständen, z. B. eine Oktave, jeweils gleiche Abstände. (Die Oktaven zu f_0, nämlich $2 f_0$, $2 \cdot 2 f_0$ usw. erscheinen auf der Abszisse nämlich unter log f_0 = log f_0 + log 2, log $2 \cdot 2 f_0$ = log f_0 + 2 log 2 usw.) In Zeugnisdarstellungen wird üblicherweise ein Terzabstand zu jeweils 5 mm, ein Oktavabstand demnach jeweils 15 mm gewählt.

Mit Hilfe der Zahlenreihe der Tabelle 1 läßt sich so die Frequenzachse in allen Diagrammen bequem zeichnen (vgl. z. B. die Abszisse in Abb. 3).

Ursache für die Druckschwankungen, die an unseren Ohren eine Schallempfindung von der Frequenz f verursachen, sind schwingende Körper − Schallquellen genannt −, die bei ihrem Hin- und Herbewegen die angrenzende Luft gegenüber dem statischen Luftdruck mit der Frequenz f abwechselnd verdichten (Druck erhöhen) und entspannen (Druck senken). Derartige Störungen des Luftdruckes breiten sich in der Form von Längs- oder Longitudinalwellen mit Schallgeschwindigkeit aus. Gemäß der für solche Vorgänge allgemein gültigen Gleichung

$$c = f \, \lambda \tag{1}$$

gehört zu jeder Frequenz f eine Wellenlänge λ. Die Schallgeschwindigkeit c unter üblichem Luftdruck beträgt etwa 340 m/s. So erhält man bei 1 000 Hz eine Wellenlänge von 34 cm. Bei 10 000 Hz beträgt die Wellenlänge nur 3,4 cm und bei 100 Hz immerhin 3,4 m. Eine wirksam schallabstrahlende Fläche sollte in ihren linearen Abmessungen in angemessener Relation zur Wellenlänge der abgehenden Welle stehen. Dies wird z. B. bei Hochton- und Tiefton-Lautsprechern deutlich, teilweise aber auch bei der Größe des Resonanzkörpers einiger Musikinstrumente (Violine, Kontrabaß).

Schallquellen im bauakustisch interessierenden Rahmen sind zunächst alle unmittelbaren Quellen für störenden Lärm, also Wohn- und Arbeitsgeräusche, Maschinen und Geräte, Verkehrsmittel usw. Indirekt sind auch raumabschließende Bauteile zwischen uns und dem Nachbarn als Schallquellen anzusehen, die durch Lärm in der Nachbarschaft zum Mitschwingen gezwungen werden und Schall in den zu schützenden Raum abstrahlen.

Während sich − wie geschildert − in der Frequenz der Druckschwankung in Höhe eines Tones verbirgt (vgl. Abb. 1), beschreibt die Schwankungsbreite des Druckes, die Druckamplitude, die Stärke des Schalles: Bei einem Ton wächst die empfundene Lautstärke mit zunehmender Druckamplitude. Aus meßtechnischen Gründen wird an-

4

stelle der Druckamplitude der dieser proportionale Effektivwert p benutzt.

Den Effektivwert p eines als Funktion der Zeit schwankenden Druckes $p(t)$ berechnet man nach Gleichung 2:

$$p = \sqrt{\frac{1}{T} \int_0^T p\,(t)^2\ \mathrm{d}t}.\tag{2}$$

Im Falle sinusförmiger Druckverläufe $p\,(t) = p_0 \sin 2\pi f t$ folgt speziell

$$p = p_0 / \sqrt{2}\,.$$

Durch Messung des Schalldruckes p läßt sich somit ein Maß für die Lautstärke eines Tones gewinnen. Geeignete Meßaufnehmer sind z. B. Mikrofone, die auch in Druckeinheiten kalibrierbar sind.

Mißt man den Druck eines Tones mittlerer Höhe und mittlerer Lautstärke, so findet man einen Wert von etwa $p = 1\ \mu$bar $= 10^{-6}$ bar $= 0{,}1$ Pa, bei Lärm an der Schmerzgrenze einen etwa eintausend Mal größeren Wert, nämlich 1 mbar. Nach entsprechender Gewöhnung kann man jedoch auch noch Töne mit einem Druck von weniger als $10^{-3}\ \mu$bar $= 10^{-9}$ bar $= 10^{-4}$ Pa hören (nahe der Empfindlichkeitsschwelle oder Hörschwelle).

Aus diesen wenigen Zahlen sollen zwei Feststellungen gewonnen werden:

● Unsere Ohren besitzen − gemessen am ständig vorhandenen statischen Luftdruck (Abb. 1) von etwa 1 bar − eine unglaubliche Empfindlichkeit. Schwankungen bei passender Frequenz nur um den millionsten oder gar milliardsten Teil des statischen Wertes rufen bereits mehr oder weniger laute Hörempfindungen hervor. Schwankungen in mittleren Frequenzen des Hörbereiches von weniger als einem Tausendstel des atmosphärischen Luftdruckes rufen nach längerer Einwirkung bleibende Hörschäden (Taubheit) hervor!

● Trotz der absoluten Kleinheit der Druckwerte p im Vergleich zum statischen Luftdruck umfaßt die Lautstärkeempfindung zwischen dem Schwellenwert der Ohrempfindlichkeit und dem sog. ohrenbetäubenden Lärm auf der Druckskala mehr als sechs oder gar sieben Zehnerpotenzen.

Will man den Druck p zur Messung der Schallstärke benutzen, so erweist es sich als zweckmäßig, ihn in den logarithmischen Maßstab zu überführen. Vorteil dieser Umformung ist, daß die über viele Zehnerpotenzen reichende Druckskala mit wachsendem Druck immer mehr gestaucht wird, daß sie quasi handlicher wird. Der Übergang auf den logarithmischen Maßstab entspricht aber auch tatsächlich dem Verlauf der Hörempfindungen.

Aus rein mathematischen Gründen kann nicht unmittelbar der Logarithmus des Druckes gebildet werden. Vielmehr kann nur der Logarithmus einer (dimensionslosen) Zahl gebildet werden, der ebenfalls dimensionslos ist. Es muß daher der Druck mit Hilfe eines Bezugsdruckes p_0 dimensionslos gemacht werden. Damit definiert man als Maß für die Schallstärke den Schallpegel, genauer den Schalldruckpegel L gemäß

$$L = 20 \log \frac{p}{p_0} \text{ Dezibel, abgekürzt dB.} \tag{3}$$

p_0 heißt Bezugsdruck; international gewählt wurde

$$p_0 = 2 \cdot 10^{-4} \, \mu\text{bar} = 2 \cdot 10^{-5} \, \text{Pa} \tag{4}$$

Die Größe des Bezugsdruckes ist zunächst frei wählbar. Gleichung 3 legt nahe, p_0 in der Größenordnung der Empfindlichkeitsschwelle des Ohres zu wählen. In diesem Fall erhält man für hörbaren Schall stets positive Schallpegel (Schall unterhalb der Schwelle liefert dagegen negative Pegel).

Obwohl L definitionsgemäß dimensionslos ist, hat man der so gebildeten Zahl einen Einheitennamen gestattet. Er heißt Dezibel, abgekürzt dB.

Es läßt sich ein Maß für die Schallstärke (Lautstärke) jedoch auch auf einem völlig anderen Weg gewinnen: Eine Schallquelle, die ständig Töne erzeugt, gibt Leistung (im Sinne der Mechanik also Energie pro Zeiteinheit) ab. Ein Musikinstrument, das beim Anschlagen oder Zupfen nur sehr beschränkt Energie hat aufnehmen können, verklingt daher rasch. Die vom Lautsprecher abgegebene Leistung wird in Form elektrischer Leistung bereitgestellt. Nennt man die von einer Schallquelle in alle Richtungen des Raumes abgegebene gesamte Schalleistung P, so beschreibt die Gleichung 4 die Schallstärke durch den Schalleistungspegel L (genauer L_P)

$$L = 10 \log \frac{P}{P_0} \quad \text{dB} \tag{4}$$

Als Bezugsleistung wurde $P_0 = 10^{-12}$W gewählt.

Anmerkung: Der Logarithmus eines Leistungsverhältnisses, hier P/P_0, wurde zu Ehren des Telefonerfinders Bell mit dem Einheitennamen Bel belegt. Diese Einheit erwies sich für den Gebrauch in der Elektroakustik als zu groß, weil bezogen auf diese Einheit alle Meßwerte nur zwischen Null und etwa 12 oder 14 schwankten. Man ging daher auf eine zehnmal kleinere Einheit, nämlich 0,1 Bel = 1 Dezibel über. Hierdurch werden die Meßergebnisse um den Faktor 10 größer. Die Meßwerte in der Einheit dB gemäß Gleichung 4 liegen daher zwischen Null und 120 oder 140.

Der von einer Schallquelle mit dem Schalleistungspegel L_P gemäß Gleichung 4 an einem Ort seiner Umgebung erzeugte Schalldruckpegel L_p hängt bei ungestörter Schallausbreitung z. B. vom Abstand des Punktes von der Schallquelle ab. Beim Aufstellen der Schallquelle in einem Raum beeinflußt die Absorption und die Größe der raumumschließenden Bauteile den Schalldruckpegel. L_P und L_p sind daher in der Regel verschiedene Zahlen.

Die Schalleistung P ist jedoch dem Quadrat des Druckes p proportional.

$$P = \text{const } p^2 \tag{5}$$

Eine Vergrößerung der Schalleistung um den Faktor n führt daher zunächst zu einer Erhöhung des Leistungspegels gemäß

$$L_P = 10 \log \frac{nP}{P_0} = 10 \log \frac{P}{P_0} + 10 \log n.$$

also um den Wert $10 \log n$ Wegen Gleichung 5 ändert sich der Schalldruckpegel entsprechend auf

$$L = 10 \log \frac{np^2}{p_0^2} = 20 \log \frac{p}{p_0} + 10 \log n$$

also ebenfalls um den gleichen Wert. Schalldruckpegel und Schalleistungspegel können sich bei gegebenen räumlichen Verhältnissen insgesamt nur um eine additive Konstante unterscheiden. So ist es gerade der zunächst so wenig überzeugende Faktor 20 in Gleichung 3, der für einen „Gleichlauf" von Schalldruck- und Schalleistungspegel sorgt (s. auch [32] und [58], dort Gleichung 6).

1.1.2 Schallpegel und Lautstärke

Es bedarf einer besonderen Überprüfung, ob der aufgrund physikalischer Gegebenheiten, wie Druck bzw. Leistung, definierte Schallpegel in Dezibel auch tatsächlich als Maß für die Lautstärkeempfindung, also für eine physiologische Größe, brauchbar ist und falls nicht, in welchem Umfang zusätzliche Bewertungen der Meßgeräteanzeigen angebracht werden müssen.

Trivial ist zunächst die Feststellung, daß ein Meßwert L der Schallstärke bei Frequenzen außerhalb des Hörbereiches des Ohres, also z. B. bei 1 Hz oder bei 30 000 Hz unabhängig von der Größe von L stets zum Lautstärkeempfinden Null führt: Man hört nichts. So wird der Schallpegel L günstigstenfalls für mittlere Frequenzen als Maß für die Lautstärke geeignet sein.

Die Einheit der Lautstärkeempfindung heißt phon. Für die mitten im Hörbereich liegende Frequenz von 1 000 Hz ist der Zahlenwert in phon dem Zahlenwert in dB gleichgesetzt worden. Mit dieser Festlegung ist zunächst nur ein Ton der Frequenz f = 1 000 Hz mit physikalisch reagierenden Meßgeräten (Pegelmesser) auch in seiner Lautstärke angebbar. Die Lautstärke anderer Töne oder von Geräuschen kann dann allerdings durch subjektive Vergleiche festgestellt werden: Durch Abhören des zu beurteilenden Geräusches im zeitlichen Wechsel mit einem Ton von 1 000 Hz läßt sich feststellen, welche der beiden Hörempfindungen stärker, also lauter ist. Durch Verstellen der Lautstärke des 1 000 Hz-Tones läßt sich diejenige Einstellung finden, bei der beide Hörempfindungen gleich laut sind. Die Lautstärke in phon des zu bewertenden Geräusches ist dann gleich dem Zahlenwert des Schallpegels L des 1 000 Hz-Tones und als solcher meßbar.

Führt man derartige Hörvergleiche nacheinander mit reinen Tönen unterschiedlicher Frequenzen aber jeweils gleicher Schallstärke in dB aus, so erhält man punktweise Kurven gleicher Schallstärke in einem Diagramm Lautstärke als Funktion der Frequenz. Kurven gleicher Lautstärke lassen sich auf entsprechendem Wege gewinnen, siehe [33]. Man stellt dabei fest, daß die Lautstärke in phon bei kleinen Frequenzen bei gleicher Schallstärke abnimmt. Das menschliche Ohr wird also mit abnehmender Frequenz rasch unempfindlicher. Es zeigt sich weiter, daß die Differenz Zahlenwert phon minus Zahlenwert in dB auch noch etwas von der Schallstärke L selbst abhängt. In Abb. 3 ist die Differenz zwischen Lautstärke und Schallstärke, die definitionsgemäß bei 1 000 Hz Null sein muß, für die zwei Schallstärken L = 30 dB und L = 80 dB als Funktion der Frequenz dargestellt.

Die Einheit phon läßt sich prinzipiell nur durch Hörvergleiche unter Beteiligung einer Gruppe „normalhörender Menschen" darstellen. Will man aber in der Meßpraxis ein Maß für die Lautstärke mit Hilfe von Meßgeräten (Schallpegelmesser) erhalten, muß man wenigstens die mittlere, angenäherte Ohreigenschaft in der Form von Bewertungskurven dem Meßgerät mitgeben. In der Praxis sieht das so aus, daß man zwischen Mikrofon und Auswerteeinheit im Anzeigegerät eine Filterkette schaltet, die tiefe und sehr hohe Frequenzen so abschwächen,

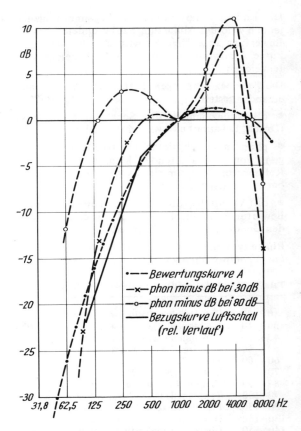

*Abb. 3   Differenzen △ verschiedener Zahlenangaben im Bereich der physio-
logischen (Lautstärke-) Bewertung von Schallstärken:*

daß die Anzeige schließlich dem Gehöreindruck im Ohr nahe kommt.
Bei einem Ton der Frequenz *f* wird damit ein Pegel $L + \Delta L$ angezeigt,
wenn der Schallpegel des Tones in Wirklichkeit L ist. Eine derartige
Anzeige heißt bewerteter Schallpegel. Der Verlauf von ΔL als Funktion der Frequenz wird in [34] genormt. Unterschieden werden dort die
Bewertungskurven A, B und C, von denen der Verlauf der besonders
wichtigen Bewertungskurve A in Abb. 3 zusätzlich dargestellt ist.

Die Einheit derart bewerteter Pegelmessungen ist ebenfalls Dezibel, jedoch wird der Abkürzung zur besonderen Kennzeichnung die Art der Bewertung angehängt. So wird ein Meßwert, der mit der Bewertungskurve A gewonnen wurde, mit L_A bezeichnet und erhält das Einheitenzeichen dB(A).

Die Pegelbezeichnungen seien zusammenfassend noch einmal nebeneinander gestellt:

● dB kennzeichnet die Schallstärke im physikalischen Maßstab (Druck, Leistung) und wird mit Pegelmessern gemessen.

● phon ist als physiologische Größe nur durch unmittelbare Beteiligung von normalhörenden Menschen aus Hörvergleichen mit einem Referenzton bestimmbar. Es gibt kein Meßgerät, das phon unmittelbar zu messen gestattet.

● dB(A), dB(B), dB(C) kennzeichnen Meßwerte, die mit Hilfe von Bewertungskurven ausgewertet wurden und danach näherungsweise den Gehöreindruck wiedergeben.

Einige typische Zahlenwerte für Schallpegel in dB(A) sind in Tabelle 2, die [1] entnommen wurde, zusammengestellt.

Tabelle 2: Beispiele von Lautstärken in dB(A)

0— 10:	beklemmende Stille
10— 20:	Geh- und Installationsgeräusche bei sehr guter Isolierung
30— 40:	Nachtgrundpegel in einem städtischen Wohnviertel
40— 50:	in Wohnung bei geschlossenem Fenster durch vorbeifahrende PKW
50— 60:	leise Sprache und Musik
60— 60:	Zimmerlautstärke
70— 80:	laute Sprache und Musik
80— 90:	Hauptverkehrsstraße
90—100:	Tanzkapelle mit elektroakustischen Instrumenten
100—130:	Propellerflugzeug beim Start aus der Nähe
130—140:	Düsenflugzeug beim Start aus der Nähe
140—150:	Überschallverkehrsflugzeug beim Start aus der Nähe
150—160:	Windkanal; Geschütz; Explosion

Langanhaltende Pegel von 90 dB(A) oder mehr gelten als gehörschädigend und zur Taubheit führend. Tritt ein solcher Pegel regelmäßig am Arbeitsplatz auf, wird daher die Benutzung von Gehörschutz vorgeschrieben.

Die Frage der Frequenzbewertung von objektiv gemessenen Pegeln taucht im Abschnitt 1.2 erneut im Zusammenhang mit der Bewertung der Luftschalldämmung von raumabschließenden Bauteilen auf. Die dort verwendete Bewertungskurve [42] ist in Abb. 3 mit den bereits genannten Bewertungskurven verglichen.

1.1.3 Anmerkungen zu einigen besonderen Ergebnissen beim Rechnen mit Pegeln

Das Rechnen mit logarithmischen Größen — wie Pegeln — ist im Bauwesen recht ungebräuchlich. Daher seien hier einige wichtige Folgerungen dargestellt. Weitergehende Beispiele lese man z. B. in [1, 3] nach.

Überlagerungen mehrerer Einzelschallquellen:

Gegeben seien n einzelne Schallquellen, deren Schallpegel einzeln betragen, vgl. Gleichung 3

$$L_i = 20 \log \frac{p_i}{p_0} = 10 \log \frac{p_i^2}{p_0^2} \qquad i = 1 \ldots n$$

Jede Einzelschallquelle erzeugt somit einen (effektiven) Schalldruck gemäß

$$p_i = p_0 \, 10^{\frac{L_i}{20}} \quad \text{bzw.} \quad p_i^2 = p_0^2 \, 10^{\frac{L_i}{10}} \tag{6}$$

Die Effektivwerte der Einzelgeräusche überlagern sich zu dem Druck des Gesamtgeräusches nach der Gleichung

$$p_{\text{ges}}^2 = \sum_{i=2}^{n} p_i^2 \tag{7}$$

Den Beweis lese man in [1] nach. Dieser Zusammenhang ergibt sich auch aus der Vorstellung, daß sich die Energien, die von den einzelnen Schallquellen in Richtung Beobachter abgestrahlt werden, addieren. Mit Gleichung 5 folgt ebenfalls Gleichung 7.

Aus dem Gesamtdruck nach Gleichung 7 erhält man den Schallpegel des Gesamtgeräusches

$$L_{\text{ges}} = 10 \log \frac{\sum p_i^2}{p_0^2} = 10 \log \left(\sum_{i=1}^{n} 10^{\frac{L_i}{10}} \right) \tag{8}$$

Sonderfälle von Gleichung 8 sind zunächst n gleiche Schallquellen, bei denen alle $L_i = L$ sind. Man erhält

$$L_{\text{ges}} = L + 10 \log n \quad \text{dB}$$

Für zwei gleiche Schallquellen (log 2 = 0,3) erhält man also den Gesamtschallpegel

$$L_{ges} = L + 3 \qquad dB$$

Beispiel: Zwei Sänger, von denen jeder einen Schallpegel von 70 dB erzeugt, erzeugen gemeinsam 73 dB. Um den Schallpegel auf 80 dB ansteigen zu lassen benötigt man schon einen Chor von 10 Sängern.

Kurios erscheint das Rechenergebnis bei Schallquellen von jeweils 0 dB. Aus $L_1 = 0$ und $L_2 = 0$ folgt

$$L_{ges} = 0 + 3 = 3 \text{ dB}!$$

Dies wird klarer, wenn man sich erinnert, daß ein Schallpegel von 0 dB nicht bedeutet, daß *kein* Schall vorhanden ist. Zu $L = 0$ dB gehört immerhin der Schalldruck von $p = p_0$. Kein Schall ergibt wegen $p = 0$ $L = -\infty$!

Beim Zusammenwirken von nur zwei Schallquellen L_1 und L_2 läßt sich Gleichung 8 auch umschreiben in die Form

$$L_{ges} - L_1 = 10 \log \left(1 + 10^{-\frac{L_1 - L_2}{10}} \right) \qquad (9)$$

die sich falls $L_1 \geqslant L_2$ ist, in Abb. 4 grafisch auswerten läßt.

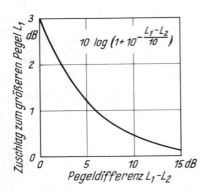

Abb. 4   Überlagerung zweier Einzelpegel L_1 und L_2 zu einem Gesamtpegel L_1 + Zuschlag. Der Zuschlag kann nicht größer als 3 dB werden und ist für $L_1 - L_2 > 6$ dB wegen der beschränkten Unterscheidungsfähigkeit des Ohres zu vernachlässigen (L_2 wird unhörbar).

Man erkennt die überragende Bedeutung des größeren der beiden Einzelpegel: Der Gesamtschallpegel kann höchstens um drei Dezibel den größeren Einzelwert übersteigen. Ist der leisere Pegel nur um 6 dB leiser als der lautere, so wird diese Schallquelle bereits fast unhörbar. Hinweis: Mit den Ohren können Schallstärke- und Lautstärkedifferenzen von weniger als 1 dB nicht mehr als verschieden erkannt werden.

Folgerungen für die Praxis liegen auf der Hand: Schallschutz hat bei der größten Einzelschallquelle zu beginnen. Beispiel: Gegeben seien zwei Maschinen mit L_1 = 90 dB und L_2 = 80 dB. Aus Abb. 6 erhält man einen Gesamtschallpegel von L_{ges} = 90,4 dB. Alle bei L_2 angreifenden Schallschutzmaßnahmen, selbst das völlige Abschalten der Maschine, lassen den Gesamtschallpegel nur auf 90 dB, also um eine unhörbare Differenz, absinken. Es bleibt so laut wie vorher. Gelingt es dagegen, L_1 um 10 dB auf 80 dB herunterzudrücken, sinkt der Gesamtschallpegel immerhin von 90,4 dB auf 83 dB. Ein weiteres Absenken von L_1 auf z. B. 70 dB bringt dann einen nur noch geringen Gewinn, da dann L_2 bestimmend wird und sich der Gesamtschallpegel auf 80,4 dB einstellt.

Zeitlich schwankende Schallpegel:

Ein als Funktion der Zeit schwankender Schallpegel $L(t)$ entsteht, wenn der Schalldruck nicht nur mit den Frequenzen des Schalls, sondern zusätzlich mit der zeitlichen Änderung der Schalleistung schwankt. Beispiel hierfür ist der Verkehrslärm. Auch für derartig langsame Druckschwankungen läßt sich mittels Gleichung 2 ein Effektivwert p für den Druck ausrechnen. Der hierzu gehörende Schallpegel

$$L_m = 10 \log \left[\frac{1}{T} \int_0^T \frac{p(t)^2 \, dt}{p_0^2} \right] \tag{10}$$

kennzeichnet die Stärke eines mittleren Schalles innerhalb der Zeiten von Null bis T. L_m heißt Mittelungspegel oder aufgrund der durch den Effektivwert vorgenommenen energetischen Addition auch energieäquivalenter Dauerschallpegel, geschrieben L_{eq}.

Die in Gleichung 10 enthaltene Integration kann man sich in zwei Stufen ausgeführt denken: Zunächst integriert man über kurze Zeiten, für die der Schallpegel jeweils konstant angenommen werden kann. Man integriert also zunächst über die Druckschwankungen von Tonfrequenzen und erhält damit über die Effektivdrücke der Töne die kurzzeitigen Pegel $L(t)$. Die jeweils über sehr kurze Zeitintervalle gebildeten Teilintegrale müssen dann ebenfalls summiert werden. So läßt sich Gleichung 10 weiter schreiben.

$$L_{\mathrm{m}} = L_{\mathrm{eq}} = 10 \log \left[\frac{1}{T} \int_0^T 10^{\frac{L(t)}{10}} \, dt \right] \tag{11}$$

Auch für den Mittelungspegel gilt, daß er überwiegend durch die großen Lärmpegel im Beurteilungszeitraum bestimmt wird. Schwankt der Schallpegel z. B. im gleichmäßigen Strom des Verkehrslärms zwischen den Werten 50 dB und 70 dB hin und her, so ergibt sich ein Mittelungspegel von etwa 67 dB, also ein wesentlich höherer Wert als der arithmetische Mittelwert der Pegel.

Einzelheiten über die Berechnung und Messung des Mittelungspegels lese man in [3] oder [36] nach.

1.2 Schalldämpfung, Schallabsorption

Der Schallpegel in der Umgebung einer im Freien aufgestellten Schallquelle nimmt mit zunehmender Entfernung ab. Dies liegt daran, daß die von der Schallquelle abgestrahlte Energie mit zunehmendem Radius auf eine immer größer werdende Fläche verteilt wird. Zu einem geringen Teil wird mit länger werdendem Weg auch Schallenergie in Wärme umgewandelt; der Schallpegel sinkt durch Dissipation. Derartige Fragen des Schallpegels im Freien liegen normalerweise außerhalb des Schallschutzes im Hochbau. Es wird daher auf weiterführende Literatur verwiesen, z. B. [1], aber auch wegen der speziellen Anwendungsfälle auf [24].

Schließt man eine Schallquelle in einem Raum ein, so stoßen die von ihr ausgehenden Schallwellen bereits nach kurzer Laufzeit auf die raumabschließenden Bauteile, wie Wände, Decke und Fußboden. Beim Auftreffen wird ein Bruchteil $(1 - \alpha)$ der Schalleistung reflektiert und läuft ein zweites, drittes usw. Mal am Beobachter vorbei. Der Schalldruck der nachfolgenden Wellen wird durch die reflektierten Anteile vorangegangener Wellen vergrößert. Der Schallpegel wird am Ort des Beobachters größer. In einem geschlossenen Raum ist es lauter als im Freien, gleiche Schallquellen vorausgesetzt. Hinweis: Der Sonderfall der bei reinen Tönen auftretenden stehenden Wellen, bei denen in Räumen an bestimmten Stellen auch verminderte Schallpegel auftreten können, hat für unser Thema wenig Bedeutung und wird nicht betrachtet.

Der beim Auftreffen auf die raumabschließenden Bauteile nicht reflektierte Bruchteil α der Schalleistung geht dem Raum verloren. Der (überwiegende) Teil wird beim Eindringen in die Bauteile absorbiert und verschluckt. Ein Rest durchdringt die Bauteile und tritt im Nachbarraum aus.

Die wenigen Anmerkungen deuten an, daß man durch Verringerung der Schallreflektion im Raum auch einen Beitrag zum Schallschutz betreiben kann. Hierzu soll festgestellt werden:

Eine kurze Zeit nach Inbetriebnahme der Schallquelle stellt sich, von der unmittelbaren Umgebung der Schallquelle abgesehen, ein Schallfeld von überall gleicher Schalleistung bzw. Leistungsdichte ein. Diese Schalleistung stellt einen Gleichgewichtszustand dar zwischen der von der Schallquelle nachgelieferten Leistung P und der ständig von den Raumbegrenzungsflächen absorbierten Leistung P_{abs} dar. $P_{abs} = P$.

Die absorbierte Leistung ist proportional der Gesamtgröße der absorbierenden Flächen A_i und deren Absorptionsgrade α_i, $i = 1 \ldots n$.

$$P = P_{abs} = \text{const} \sum_i \alpha_i A_i = \text{const } A \qquad (12)$$

In einem quaderförmigen Raum läuft i mindestens von $1 - 6$, nämlich über die vier Wände, die Decke und den Fußboden.

$A = \sum_i \alpha_i A_i$ heißt äquivalente Absorptionsfläche und kann bei Kenntnis der α_i berechnet werden. A bestimmt als Maß für die Absorption in einem Raum auch die Länge des Nachhalls nach Abschalten der Schallquelle und ist daher auch über die Nachhallzeit meßbar. Einzelheiten siehe z. B. [39, 45].

Der Schallabsorptionsgrad α ist nicht allein eine Stoffeigenschaft sondern eher eine Bauteil- oder Systemeigenschaft. Schließlich wird die Absorption bestimmt durch die Möglichkeit des Eindringens in die raumabschließenden Bauteile. Dies hängt ab von der (Offen-)Porigkeit, dem Strömungswiderstand und von der Schichtdicke, in die die Schallwelle eindringen kann, ohne auf ein festes Hindernis zu stoßen. Darüber hinaus muß die Schichtdicke in einem angemessenen Verhältnis zur Wellenlänge der Schallwelle stehen. Hohe Töne werden bereits durch Teppiche und andere Heimtextilien merklich absorbiert, tiefe Töne benötigen vor allem großvolumige Schallschlucksysteme. Einige Beispiele für über die Frequenz *gemittelte* Schallabsorptionsgrade sind in [6] und auszugsweise in Tabelle 3 angegeben. Gemessen wird α nach den Prüfvorschriften in [45] oder näherungsweise nach [48].

Stellt sich in einem Raum mit der äquivalenten Absorptionsfläche A_1 der Schallpegel (mit Gleichung 12)

$$L_1 = 10 \log \frac{\text{const } A_1}{P_0}$$

Tabelle 3: Typische Absorptionskoeffizienten einiger praktisch wichtiger Bauelemente

Element	Absorptionskoeffizient		
	200 Hz	500 Hz	1 000 Hz
Glatter Verputz auf Mauerwerk oder Beton	0,01	0,02	0,02
Aufgehängte glatte Gipsdecke	0,2	0,1	0,05
Wandverkleidung aus Holz oder Holzfaserplatten auf normalem Lattenrost	0,3	0,2	0,1
Harter Bodenbelag (Holz, Kork, Gummi)	0,03	0,04	0,05
Teppich mittlerer Dicke	0,08	0,2	0,3
Vorhänge, mittel	0,15	0,3	0,4
Akustikplatte, 2 cm, aufgeklebt	0,15	0,4	0,6
Akustikplatte, 2 cm, auf Lattenrost	0,3	0,6	0,7
Fenster	0,04	0,03	0,02
	m^2	m^2	m^2
Publikum (m² Person)			
Stehend oder auf Holzbestuhlung	0,3	0,5	0,55
Auf Polsterbestuhlung	0,4	0,55	0,6
Bestuhlung allein (m² Platz)			
Holz	0,01	0,02	0,03
Polster (Velours)	0,3	0,35	0,45
Polster (Kunstleder)	0,25	0,45	0,35

ein, so verändert er sich bei Änderung der äquivalenten Absorptionsfläche auf A_2 (z. B. durch zusätzliche Wandverkleidungen) auf

$$L_2 = 10 \log \frac{\text{const } A_2}{P_0}$$

Die Pegeldifferenz ergibt sich gemäß

$$\Delta L = L_2 - L_1 = 10 \left(\log \frac{\text{const } A_2}{P_0} - \log \frac{\text{const } A_1}{P_0} \right) = 10 \log \frac{A_2}{A_1} \qquad (13)$$

Sie wird positiv, d. h. leiser, wenn $A_1 < A_2$ ist. ΔL wird mitunter Schalldämpfung genannt und ist begrifflich von der Schalldämmung, vgl. Abschnitt 1.3, zu unterscheiden.

Beispiel: In einem Raum mit überall glatten, verputzten Wänden und Deckenflächen ($\alpha_1 = 0,03$) werden die Wände und die Decke, also rund 70 % der Raumoberfläche, mit Mineralfasermatten ($\alpha_2 = 0,66$) beklebt. Der Schallpegel sinkt danach, weil $A_1 = A \cdot 0,03$ und $A_2 = 0,3 \cdot A \cdot 0,03 + 0,7 \cdot A \cdot 066$, um

$$\Delta L = 10,6 \text{ dB}.$$

Die durch Verkleidung der vorhandenen Wände erreichbare Pegelminderung ist als Schallschutzmaßnahme — wie gezeigt — nur von beschränkter Wirksamkeit. Sie kann durch Aufstellen von zusätzlichen Absorptionsflächen (Stellwände, Deckenlamellen) in Grenzen verbessert werden.

Es sei angemerkt, daß der Einsatz unterschiedlich absorbierender und reflektierender Wand- und Deckenflächen das bedeutendste Hilfsmittel des Raumakustikers ist, wenn es darum geht, in einem Vortragsraum oder Konzertsaal für eine gleichmäßige Verteilung des (hier nützlichen) Schalles zu sorgen und eine passende Nachhallzeit einzustellen. (Sie bestimmt z. B. die Silbenverständlichkeit eines Wortvortrages.) Diese Fragen führen über den Schallschutz weit hinaus, so daß hier auf die weiterführende Literatur, zunächst auf [25], verwiesen werden muß.

1.3 Luftschalldämmung und deren Einzahl-Angaben

Diejenige Schalleistung, die von den eine Schallquelle umschließenden Bauteilen weder absorbiert noch reflektiert wird, tritt in die Nachbarräume über. Sie bestimmt den (dort im Regelfall störenden) Restschallpegel. Kann für den Nachbarraum eine gewisse Schutzbedürftigkeit vor diesem Schall geltend gemacht werden, so darf die hindurch gelassene (transmittierte) Schalleistung bestimmte Maximalwerte nicht überschreiten. Die Fähigkeit eines Bauteils, Schall am Hindurchtreten zu hindern, wird Luftschalldämmung genannt.

Der Wortteil Luftschall deutet dabei an, daß der Schall sich von der Schallquelle her durch die Luft ausbreitet. Die Luft selbst überträgt damit mechanische Leistung auf das raumabschließende Bauteil. Wird mechanische Energie dagegen insbesondere durch Stöße oder Schläge in das Bauteil eingeleitet, spricht man von Körperschall. Eine besondere Form des Körperschalls heißt Trittschall; vgl. 1.4.

Die die Luftschalldämmung beschreibenden Vorgänge können mit Hilfe von Abb. 5 erläutert werden: Gegeben sei die auf das raumabschließende, trennende Bauteil auftreffende Schalleistung P_1 im lauten Raum, der in der akustischen Meßtechnik Senderaum genannt wird.

Für die durch das trennende Bauteil (Wand oder Decke) zum Nachbarn (Empfangsraum) hindurchtretende Schalleistung P_2 gilt zunächst:

- P_2 ist ein bestimmter Bruchteil von P_1; P_2 ist proportional P_1.

- P_2 steigt mit zunehmender Größe der Bauteilfläche S; verdoppelt man die beiden Räume gemeinsame Wand- oder Deckenfläche, so verdoppelt sich auch P_2; P_2 ist proportional S, sobald die Schalleistung in beiden Räumen gleichmäßig verteilt ist, das Schallfeld also ausreichend diffus ist.

- P_2 wird bestimmt durch die äquivalente Absorptionsfläche A im Empfangsraum; P_2 ist umso größer, je kleiner A ist, also je weniger Schall im Empfangsraum absorbiert wird: P_2 ist umgekehrt proportional A.

Faßt man die genannten Abhängigkeiten zusammen, so kann man schreiben

$$P_2 = \text{const} \ \frac{P_1 S}{A} \qquad \text{oder}$$

$$\frac{P_1 S}{P_2 A} = \text{const.}$$

Die Größe der Konstanten wird durch die gegebene bauliche Situation bestimmt, d. h. durch die Konstruktion des trennenden Bauteils im eingebauten Zustand. Erweitert man den linken Bruch mit P_0, logarithmiert beiderseits und multipliziert mit dem Faktor 10, so erhält man für

$$10 \log \frac{P_1}{P_0} \ - \ 10 \log \frac{P_2}{P_0} + 10 \log \frac{S}{A}$$

wiederum eine Konstante, die R genannt wird. Da die ersten beiden Summanden die Schallpegel im Sende- und Empfangsraum darstellen (s. Gleichung 4), kann man schließlich schreiben

$$R = L_1 - L_2 + 10 \log \frac{S}{A} \quad \text{dB.} \tag{14}$$

R heißt nach [39] Luftschalldämm-Maß und übernimmt von L_1 und L_2 den Einheitennamen Dezibel.

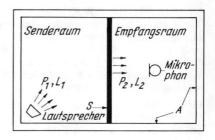

Die Bauteilfläche S und die äquivalente Absorptionsfläche A sind in den meisten praktischen Fällen von ein- und derselben Größenordnung. Der Summand $10 \log S/A$ ist daher meistens eine Zahl kleiner als 5 oder 10. Das Luftschalldämm-Maß R kann daher näherungsweise als Differenz $L_1 - L_2$ der Schallpegel im lauten und leisen Raum aufgefaßt werden; mit anderen Worten: R gibt näherungsweise an, wieviel dB es im zu schützenden Nachbarraum leiser ist als im lauten Senderaum.

Das Schalldämm-Maß R beschreibt in erster Linie eine Eigenschaft der *Konstruktion* des trennenden Bauteils (dessen Fläche S in der jeweiligen Meßordnung wird dagegen rechnerisch berücksichtigt). Da Schalleistung vom Senderaum in den Empfangsraum aber auch unter Mitwirkung der das trennende Bauteil flankierende Bauteile (s. Abb. 5) übertragen wird, wird jeder Meßwert von R auch durch die Größe der Übertragung über die Flanken — Flankenübertragung — beeinflußt. In der meßtechnischen Praxis werden zwei Sonderfälle unterschieden:

a) Schallübertragung ohne Flankenübertragung: Untersuchungen von Bauteilen unter diesen Idealbedingungen sind nur in speziell konstruierten Prüfständen möglich, für die Anforderungen und Ausführungsbeispiele in [40] angegeben werden.

b) Schallübertragung mit sogenannter bauähnlicher Flankenübertragung: Die Prüfstände für derartige Messungen sollen eine Flankenübertragung aufweisen, die etwa der entspricht, wie sie bei üblichen massiven Wohnbauten im Mittel vorhanden ist. Anforderungen an derartige Prüfstände s. [40]. Dadurch wird erreicht, daß sich für den gleichen Prüfgegenstand im Prüfstand und im Bau etwa die gleichen Werte des Schalldämm-Maßes ergeben. Das in einem solchen Prüfstand ermittelte Schalldämm-Maß wird deshalb, wie bei Messungen am Bau, mit R' bezeichnet, um dieses von Meßergebnissen gemäß a) zu unterscheiden. (Es gilt stets $R \geqq R'$.) R' wird Bauschalldämm-Maß genannt.

Das Schalldämm-Maß R erweist sich als von der Frequenz abhängig. Töne und Geräusche werden damit je nach der Frequenz oder Frequenzzusammensetzung von einem Bauteil durchaus unterschiedlich gedämmt. Die Art der Frequenzabhängigkeit, also der Verlauf der Funktion $R = R(f)$ ist dabei für verschiedenartige Bauteilkonstruktionen charakteristisch und durchaus unterschiedlich. Einzelheiten werden in den Abschnitten 3.1 und 3.2 erläutert.

Es hat sich international durchgesetzt, das Schalldämm-Maß R nur im Frequenzbereich zwischen 100 Hz und 3 150 Hz zu untersuchen. Begründung: Bei kleineren Frequenzen als 100 Hz wird die Ohrempfindlichkeit rasch klein (s. Abb. 3), so daß die Störfähigkeit solcher Frequenzen gering ist. Sehr hohe Frequenzen kommen in Sprache und üblichen Wohngeräuschen selten vor. Außerdem steigt R mit zunehmenden Frequenzen im Regelfall an, so daß hohe Töne nur mit geringer Leistung zum Nachbarn übertragen werden.

Die Frequenzabhängigkeit von R wird überlicherweise [41] untersucht durch Messungen in den 16 Terzbändern nach Abb. 2 mit den Mittenfrequenzen der Tabelle 1. Die so erhaltenen 16 Einzelwerte für R bzw. R' werden in Zeugnissen und Prüfberichten in ein Diagramm von der Art von Abb. 6 eingetragen und der Einfachheit oder Übersichtlichkeit halber mit einem Polygonzug verbunden.

Form und Lage einer derartigen Darstellung von R sagt dem Fachmann durchaus Grundsätzliches über die akustischen Eigenschaften eines Bauteils aus. Sie sind daher bei der Entwicklung neuer Bauteile und Bauarten durch Firmen und Verbände hilfreich und erleichtern einem Gutachter die Ursachenermittlung, wenn im Streitfall die Schalldämmung eines Bauteils hinter den ursprünglichen Erwartungen zurückbleibt. So läßt es sich leicht aus einer solchen Darstellung entscheiden, ob z. B. ein schwimmender Estrich schallbrückenfrei verlegt wurde oder ob ggf. eine falsche Dämmschicht eingebaut wurde.

Derartige in ihrer Form im Einzelfall sehr verschiedenartige Kurvendarstellungen erweisen sich jedoch für den Laien als zu unübersichtlich, wenn es, z. B. beim Gespräch zwischen Bauherrn und Architekten darum geht, sich zwischen zwei Bauteilkonstruktionen zu entscheiden oder festzustellen, ob Mindestanforderungen erfüllt sind oder nicht. Hierfür ist es zweckmäßig, den Kurvenverlauf $R = R(f)$ zwischen den beiden verabredeten Frequenzen 100 Hz $< f <$ 3 150 Hz durch eine einzige Zahl, eine Einzahlangabe, zu beschreiben. Von solchen Einzahlangaben müßte gefordert werden: Sind für zwei Bauteile derartige Einzahlangaben verschieden, so sollte die mit dem Ohr zu unterscheidende Schalldämmung auch verschieden sein. Übersteigt eine solche Einzahlangabe den in der Ausschreibung oder in technischen Baubestimmungen genannten Mindestwert, so soll die Anforderung an die Schalldämmung als erfüllt gelten können.

Der einfachste Weg, aus einer Meßkurve, wie sie als Beispiel in Abb. 6 wiedergegeben ist, einen Einzahlwert zu gewinnen, besteht in der Berechnung des mittleren Schalldämm-Maßes R_m. Dazu wären die 16 einzelnen Meßwerte für R lediglich zu mitteln

$$R_m = \frac{1}{16} \sum_{i=1}^{16} R_i \qquad (15)$$

In diesem Fall würde eine besonders schlechte Schalldämmung R bei einer Frequenz durch besonders gute Schalldämmungen bei anderen Frequenzen ausgeglichen werden können. Das mittlere Schalldämm-Maß R_m hat nur noch historische Bedeutung und wird nur noch selten verwendet.

Der wichtigste Einwand gegen R_m bezieht sich darauf, daß die Meßwerte bei allen Frequenzen mit dem gleichen Gewicht gemittelt werden. Auf diese Weise ist nicht darstellbar, daß tiefe Töne gegenüber hohen Tönen gleichen Pegels weniger laut wahrgenommen, also weniger störend empfunden werden (vgl. Abb. 3). So ist tatsächlich bei tiefen Frequenzen eine geringere Schalldämmung als bei hohen ausreichend, um die gleiche Lautstärkeminderung der durch eine Wand oder Decke hindurchdringenden Störgeräusche zu erzielen.

Diejenige Einzahlangabe, die die Eigenschaften des Ohres in die Bewertung einbezieht, heißt Luftschallschutzmaß, abgekürzt *LSM*. Über seine Ermittlung heißt es in DIN 52 210 Teil 4 [42] wörtlich:

„Ausgehend von der unterschiedlichen Empfindlichkeit des menschlichen Ohres für verschiedene Frequenzen wird eine Frequenzbewertungskurve (Bezugskurve) für die Bewertung des Schalldämm-Maßes R und des Bauschalldämm-Maßes R' von Bauteilen festgelegt", siehe Abb. 6 ausgezogene Kurve und Tabelle 4.

Tabelle 4: Werte der Bezugskurve für die Bewertung der Luftschalldämmung bei Messung mit Filtern von Terzbreite

Frequenz Hz	100	125	160	200	250	315	400	500
R oder R' dB	33	36	39	42	45	48	51	52
Frequenz Hz	630	800	1000	1250	1600	2000	2500	3150
R oder R' dB	53	54	55	56	56	56	56	56

„Das Luftschallschutzmaß wird durch Vergleich der Meßkurve mit der Bezugskurve nach Abb. 6 ermittelt. Dazu wird die Bezugskurve gegenüber der Meßkurve parallel zu sich selbst in Ordinatenrichtung um ganze dB so weit verschoben, daß die mittlere Unterschreitung der Bezugskurve durch die Meßkurve so groß wie möglich wird, jedoch nicht mehr als 2,0 dB beträgt. Der Betrag, um den die Bezugskurve verschoben wird, ist das Luftschallschutzmaß *LSM*.

Bei einer Verschiebung nach oben ist das Luftschallschutzmaß positiv, bei einer Verschiebung nach unten negativ.

Die mittlere Unterschreitung wird bestimmt, indem man die einzelnen Unterschreitungen der (verschobenen) Bezugskurve bei den jeweiligen Meßfrequenzen summiert. Überschreitungen der Bezugskurven werden nicht berücksichtigt. Bei Messungen mit Terzfiltern in Terzabständen werden die Unterschreitungen bei den Frequenzen 100 Hz und 3 150 Hz mit ihrem halben Wert eingesetzt und die Summe aller Unterschreitungen wird durch $n - 1 = 15$ geteilt, wobei n die Anzahl der Meßfrequenzen ist."

Der relative Verlauf der Bezugskurve entspricht recht gut dem Verlauf der Bewertungskurve A in Abb. 3. Die Ausgangslage der unverschobenen Bezugskurve, die also bei Bauteilen mit dem Luftschallschutzmaß *LSM* = 0 nur unwesentlich unterschritten werden darf, kennzeichnet eine Mindesterwartung (Mindestanforderung) hinsichtlich der Schalldämmung von Bauteilen in bestimmten Anwendungsfällen; Einzelheiten siehe Abschnitt 2. Bauteile mit negativem Luftschallschutzmaß *LSM* < 0 wären danach für diese Anwendungsfälle unzureichend. Die Ausgangslage der Bezugskurve muß daher als durch einen bestimmten Stand der Technik gegeben, aber grundsätzlich willkürlich gewählt, angesehen werden.

Im Bauwesen werden zwei Größen üblicherweise verglichen, indem man feststellt, in welchem Verhältnis sie zu einander stehen bzw. um welchen Faktor sie sich unterscheiden. So maß die Normanweisung, die Bezugskurve parallel zu sich selbst, also unter Hinzufügung einer additiven Konstante, zu verschieben, besonders fremd erscheinen. Es sei daher erinnert, daß das Addieren einer Konstante zu der logarithmischen Größe

$$R = 10 \log \frac{p_1^2}{p_2^2} + \text{const}$$

so wirkt, wie das Multiplizieren von p_2 mit einem Faktor. Wird also die Bezugskurve um z. B. 1 dB nach oben verschoben, so vergleicht man das Meßergebnis R mit Bezugswerten, bei denen die in den Emp-

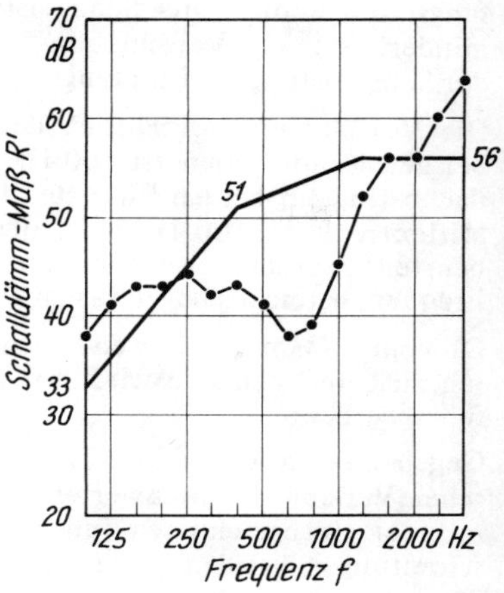

Abb. 6
Beispiel für das Meßergebnis der Luftschalldämmung R (Polygonzug). Zusätzlich eingetragen: Bezugskurve nach Tabelle 4 mit der das Meßergebnis bei der Ermittlung der Einzahlangaben Luftschallschutzmaß LSM oder bewertetes Schalldämm-Maß R_w verglichen wird. Die Art der Ergebnisdarstellung ist in [41] genormt.

Tabelle 5: Beispiel zur Berechnung des Luftschallschutzmaßes

Frequenz Hz	100	125	160	200	250	315	400	500	630
Luftschalldämm-Maß R in dB	38	41	43	43	44	42	43	41	38
Bewertungskurve	33	36	39	42	45	48	51	52	53
Unterschreitungen bei Verschiebung um 0 dB	—	—	—	—	1	6	8	11	15
Unterschreitungen bei Verschiebung um 6 dB	—	—	—	—	—	—	2	5	9

Frequenz Hz	800	1000	1250	1600	2000	2500	3150
Luftschalldämm-Maß R in dB	39	45	52	56	56	60	64
Bewertungskurve	54	55	56	56	56	56	56
Unterschreitungen bei Verschiebung um 0 dB	15	10	4	—	—	—	—
Unterschreitungen bei Verschiebung um 6 dB	9	4	—	—	—	—	—

$\Sigma\ \Delta R = 70$ dB bei 0 dB Verschiebung, mittlere Unterschreitung 4,7 dB
$\Sigma\ \Delta R = 29$ dB bei 6 dB Verschiebung, mittlere Unterschreitung 1,9 dB

fangsraum eindringende Schalleistung um den Faktor $10^{0,1} = 1,26$ vermindert ist; eine Verschiebung um 3 dB entspricht einer Halbierung der Schalleistung im Empfangsraum.

Die Vorschriften hinsichtlich der Behandlung der Unterschreitungen bei den Randfrequenzen 100 Hz und 3150 Hz sollen berücksichtigen, daß bei diesen beiden Filterstellungen auch Frequenzen unterhalb der Mittenfrequenz 100 Hz bzw. oberhalb der Mittenfrequenz 3150 Hz beurteilt werden, also Frequenzen, die außerhalb des verabredeten Frequenzbereiches liegen (siehe auch Abb. 2).

Obwohl *LSM* normalerweise nicht von Architekten oder Bauingenieuren zu berechnen sein wird, soll den Interessierten ein *Beispiel* vorgeführt werden:

Gegeben sei in Abb. 6 und Tabelle 5 ein fiktiver, aber durchaus realistischer Verlauf von Meßwerten $R = R(f)$ (Polygonzug). Der Vergleich mit der eingezeichneten (unverschobenen) Bezugskurve zeigt Unterschreitungen bei den Frequenzen $f = 250$ Hz usw. bis 1 250 Hz, deren Summe $\Sigma \, \Delta R = 70$ dB ist, was zu einer mittleren Unterschreitung von $70/15 = 4,7 > 2,0$ führt. Um die mittlere Unterschreitung auf Werte von höchstens 2,0 zu senken, ist die Bezugskurve nach unten um 6 dB zu verschieben. Man erhält hier eine mittlere Unterschreitung von $29/15 = 1,9 < 2,0$.

(Verschiebungen um mehr als 6 dB liefern zwar auch mittlere Unterschreitungen < 2 dB, jedoch sind diese nicht „so groß wie möglich", siehe oben.)

Man erhält für das Beispiel ein Luftschallschutzmaß von $LSM = -6$ dB.

Auf die recht willkürliche Festlegung der Ausgangslage der Bezugskurve ($LSM = 0$) war bereits hingewiesen worden. Tatsächlich gibt es jedoch eine Art absoluten Nullpunkt für die Schalldämmung: Dieser Nullpunkt kommt einem Bauteil zu, das überhaupt nicht dämmt, für das also bei allen 16 Meßfrequenzen $R = 0$ ist. Berechnet man für diesen Fall das Luftschallschutzmaß, so erhält man $LSM = -52$ dB. Ein kleineres *LSM* oder schlechtere Schalldämm-Maße kann es im Bauwesen nicht geben. Es liegt daher nahe, diesen quasi absoluten Nullpunkt bei -52 dB zum Nullpunkt einer neuen Schalldämm-Maß-Skala zu machen. Werte in dieser Skala heißen bewertetes Schalldämm-Maß, abgekürzt R_w. Es gilt definitionsgemäß

$$R_\mathrm{w} = LSM + 52 \quad \mathrm{dB} \tag{16}$$

R_w ist für alle Bauteile positiv.

Dieser Vorgang mag vergleichbar sein dem Übergang von der willkürlich auf schmelzendes Eis bezogenen Celsius-Temperatur- auf die absolute Kelvin-Temperatur-Skala.

Das bewertete Schalldämm-Maß R_w enthält definitionsgemäß die gleiche Bewertung der Luftschalldämmung als Funktion der Frequenz, wie das Luftschallschutzmaß, ist also wie letzteres in gleicher Weise ohrenbezogen. Das bewertete Schalldämm-Maß R_w soll in Vorschriften das *LSM* als Angabe für Anforderungen und Richtwerte ablösen.

Das mit Gleichung 15 definierte, nicht gehörrichtige mittlere Schalldämm-Maß R_m steht in keiner eindeutigen Beziehung zum bewerteten Schalldämm-Maß R_w. Für übliche Bauteile ist R_w um ca. 2 bis 4 dB größer als das mittlere Schalldämm-Maß R_m. R_w ist wie *LSM* definitionsgemäß stets ganzzahlig.

Das bewertete Schalldämm-Maß R_w entspricht wegen der gehörrichtigen Beurteilung des durch das Bauteil hindurchdringenden Schalls näherungsweise der Lautstärkedifferenz in phon oder dB(A). Aufgrund dieses Hinweises ist es möglich, die erforderliche Luftschalldämmung eines trennenden Bauteils abzuschätzen: Soll z. B. laute Sprache und Musik im Nachbarraum so gedämmt werden, daß sie sich gegenüber dem Nachtgrundpegel in einem städtischen Wohngebiet nicht hervorheben (s. Tabelle 2), so ist ein bewertetes Schalldämm-Maß $R_w \geqq 50$ dB auf jeden Fall notwendig.

1.3.1 Luftschalldämmung zusammengesetzter Flächen

Die gesamte Schalldämmung eines Bauteils mit örtlich unterschiedlicher Schalldämmung, wie z. B. eine Trennwand mit Tür oder Außenwand mit Fenstern, läßt sich berechnen nach der Gleichung

$$R_{ges} = R_0 - 10 \log \left[1 + \frac{S_1}{S_0} \left(10^{\frac{R_0 - R_1}{10}} - 1 \right) \right] \qquad (17)$$

Die Ableitung dieser Beziehung kann z. B. in [3] nachgelesen werden. In Gleichung 17 bedeuten: S_0 Fläche der gesamten Wand, S_1 Teilfläche mit schlechterer Schalldämmung, R_0 Schalldämm-Maß der Wand allein, R_1 Schalldämm-Maß der schlechtere Teilfläche (Fenster, Tür usw.).

Die Auswertung kann nach Abb. 7 vorgenommen werden. Gleichung 17 und Abb. 7 sind auf die Schalldämm-Maße je Terz anzuwenden um anschließend das bewertete Schalldämm-Maß $R_{w, ges}$ zu bestimmen. Für Überschlagsrechnungen genügt es, die Untersuchung für das bewertete Schalldämm-Maß R_w durchzuführen.

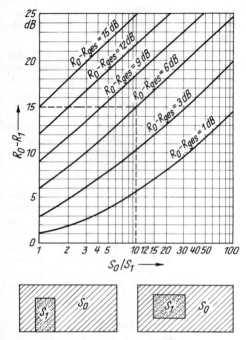

Abb. 7   Grafische Auswertung von Gleichung 17: Einfluß von Teilflächen geringer Schalldämmung auf die Gesamtschalldämmung des Bauteils (z. B. Tür oder Fenster in einer Wand), nach [17].

Es ist aus Gleichung 17 gut zu erkennen, daß die Gesamtschalldämmung eines zusammengesetzten Bauteiles sehr stark von der Schalldämmung des schlechteren Teils, also R_1, bestimmt wird. Ist nämlich R_1 erheblich kleiner als R_0, so geht Gleichung 17 rasch über in die Beziehung

$$R_{ges} \approx R_1 + 10 \log \frac{S_0}{S_1} \tag{18}$$

die zeigt, daß die Gesamtschalldämmung allein vom schlechteren Teil und der Größe von dessen Teilfläche bestimmt wird. Für die Praxis folgt hier, daß bereits kleine Löcher oder undichte Fugen die sonst gute Schalldämmung eines Bauteils vollständig zerstören können. Beispiel: Gemauerte Wände müssen daher stets verputzt werden.

26

1.3.2 Luftschallübertragung über Schächte und Kanäle

An der Luftschallübertragung zwischen benachbarten Räumen sind zunächst die beiden Räumen gemeinsamen Bauteile einschließlich der flankierenden Bauteile beteiligt. Die Schalldämmung wird — wie beschrieben — durch das bewertete Schalldämm-Maß R'_w beschrieben. Sind dagegen die benachbarten Räume für Zwecke der Haustechnik (Klimatisierung, Lüftung) durch Schächte oder Kanäle verbunden, so wird eine zusätzliche Schallübertragung wirksam über deren Öffnungen oder Wandungen. Anforderungen an die Schalldämmung zwischen zwei Räumen können sich in einem solchen Fall nur auf die Gesamtschalldämmung aller an der Schallübertragung beteiligter Wege beziehen, die damit von mehreren Gewerken (Rohbau, Ausbau) bei der Bauproduktion gemeinsam erreicht werden müssen.

Um hier klare Verantwortlichkeiten, z. B. im Streitfall, zu schaffen, sind in [44] für die Luftschalldämmung von Schächten und Kanälen eigene Kennwerte eingeführt worden: Die Schachtpegeldifferenz D_K wird danach definiert durch

$$D_K = L_{K_1} - L_{K_2} \qquad (19)$$

Hier bedeuten, wie Abb. 8 zeigt, L_{K_1} den über die Öffnungsfläche des Schachtes im Senderaum gemittelten Schallpegel, L_{K_2} den zugehörigen gemittelten Pegel im Empfangsraum. Die Meßmikrofone wer-

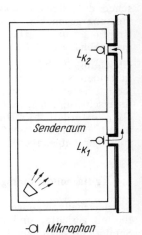

Abb. 8
Schematische Meßanordnung der Schachtpegeldifferenz D_K gemäß Gleichung 19. Die Mikrofone sind jeweils nahe den Schachtöffnungen anzuordnen, um raumakustische Eigenschaften der beiden Räume vernachlässigbar klein zu halten.

─○ *Mikrophon*
☐ *Lautsprecher*

den dabei möglichst nahe an die Öffnungen herangebracht, so daß ein Meßergebnis weitgehend von der Größe und der Absorptionsfähigkeit der beiden Räume unabhängig wird und allein eine Eigenschaft des Schachtes, insbesondere dessen Querschnitt und dessen Auskleidung darstellt.

Die zugehörige Einzahlangabe heißt die bewertete Schachtpegeldifferenz $D_{K,w}$ und wird ebenfalls mit der in Abb. 6 gezeigten Bezugskurve ermittelt.

Im Sinne der Verantwortungsteilung ist nun in DIN 4109 Teil 2 [17] ein Zusammenhang zwischen der bewerteten Schachtpegeldifferenz $D_{K,w}$ und dem insgesamt zu erreichenden Luftschalldämm-Maß R'_w angegeben worden. Man kann danach davon ausgehen, daß die Luftschalldämmung des trennenden Bauteils dann nicht mehr verschlechtert wird, wenn die bewertete Schachtpegeldifferenz mindestens der Gleichung 20 genügt.

$$D_{K,w} = R'_w - 10 \log \frac{S}{S_K} + 20 \quad \text{dB} \qquad (20)$$

Hierbei bedeuten: R'_w das (geforderte) bewertete Schalldämm-Maß zwischen den Räumen, S die Fläche des trennenden Bauteils, S_K die freie Querschnittsfläche der Lufteinlaßöffnung.

Die Gleichung 20 entspricht formal der Gleichung 18. Die Verschiebung um 20 dB berücksichtigt im wesentlichen den Unterschied zwischen dem Schalldruckpegel an der Öffnung des Schachtes bei der Messung gegenüber dem erheblich niedrigeren Wert in der Mitte des Empfangsraumes. Dieser Unterschied ist allerdings zusätzlich frequenzabhängig.

Gleichung 20 gilt insbesondere für den Fall, daß Schachtöffnungen in beiden Räumen mindestens 0,5 m von einer Raumecke entfernt, jedoch an einer Raumkante liegen. Wird die Entfernung von 0,5 m unterschritten, dann ist eine um 6 dB größere Schachtpegeldifferenz $D_{K,w}$ erforderlich. Öffnungen, die nicht an einer Raumkante (und damit erst recht nicht an einer Raumecke liegen), verhalten sich günstiger, haben aber kaum praktische Bedeutung.

1.4 Trittschalldämmung und deren Einzahlangaben

Körperschallanregungen sind in erster Linie vorzugsweise auf nur *ein* Bauteil gerichtet und nicht − wie beim Luftschall − auf alle den Senderaum begrenzenden Bauteile gleichzeitig. Unter den verschiedenartigen Körperschallanregungen im Gebäude, wie Türenschlagen, Möbelschurren usw. besitzt das Laufen oder Gehen oder Tanzen auf einer Geschoßdecke eine hervorragende Bedeutung. Fragen der Körperschalldämmung werden daher im Bauwesen gemeinhin auf das Problem der Trittschalldämmung von Decken verengt.

Die bei der Anregung eines Bauteils durch Stöße oder Schläge im Sende- und Empfangsraum entstehenden Schallpegel stehen in keiner eindeutigen Beziehung zueinander. Auch der bei der mechanischen Anregung in Schallenergie umgewandelte Energieanteil ist praktisch nicht meßbar. So läßt sich die Körperschall-Dämmung eines Bauteils nicht – wie bei der Luftschalldämmung – als relative oder bezogene Größe definieren, die dann weitgehend unabhängig von der jeweiligen Stärke der Anregung wäre. (Die Luftschalldämmung R kann dagegen als von L_1 unabhängig angesehen werden.)

Die Trittschallanregung bei der meßtechnischen Untersuchung einer Decke muß daher einheitlich verabredet werden und kann nicht – wie L_1 bei Luftschall-Untersuchungen – den einzelnen Instituten überlassen werden. Benutzt wird ein in seinen Eigenschaften möglichst genau definiertes Hammerwerk, das im Versuch als Modell für die bei Decken vorkommenden Körperschallanregungen benutzt wird. Einzelheiten siehe [39]. Dieses Modell strebt dabei nicht nach naturgetreuer Nachahmung der beim Gehen auftretenden Anregungen. Vielmehr soll ein deutlicher, reproduzierbarer und einfach meßbarer Effekt erreicht werden: Die Geräusche, die das Hammerwerk bei einer Decke erzeugt, sind im Regelfall lauter als Gehgeräusche und enthalten hohe Frequenzen mit großer Schallstärke.

Wenn die Art der Anregung einer Decke festgelegt ist, dann kann die akustische „Qualität" des Bauteils daran abgelesen werden, wie hoch oder wie niedrig der im darunter liegenden Raum erzeugte sogenannte Trittschallpegel L ist (vgl. Abb. 9). Er wird allerdings auch etwas dadurch bestimmt, wie groß die Schallabsorption, ausgedrückt durch die äquivalente Absorptionsfläche A, dieses Raumes ist. Normiert man den Trittschallpegel (s. Gleichung 13) auf einen Standardraum mit einer verabredeten äquivalenten Absorptiosfläche A_0, so erhält man einen Kennwert allein für die Deckenkonstruktion, den Normtrittschallpegel

$$L_n = L + 10 \log \frac{A}{A_0} \tag{21}$$

A_0 wird international auf 10 m^2 festgesetzt [13], was der äquivalenten Absorptionsfläche eines kleinen Wohnraumes nahekommen soll.

Trittschallpegel L und Normtrittschallpegel L_n sind beides Funktionen der Frequenz f, die besonders stark vom jeweiligen Fußbodenauf-

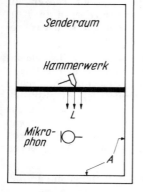

Abb. 9
Schematische Meßanordnung für den Normtritt-schallpegel L_n gemäß Gleichung 21 unter einer Decke. Das aus fünf in einer Linie geführten Hämmern mit je 0,5 kg Masse bestehende Hammerwerk (Fallhöhe 40 mm) ist in seinen Eigenschaften international standardisiert. Es führt 10 Schläge je Sekunde aus. L räumlicher Mittelwert des Trittschallpegels, A äquivalente Absorptionsfläche im Empfangsraum.

bau bestimmt werden. Für die Fixierung von Anforderungen und als wichtiges Entscheidungshilfsmittel werden auch für den Trittschallschutz Einzahlangaben benötigt.

Der einfachste Weg zur Gewinnung einer Einzahlangabe für den Trittschallpegel $L = L(f)$ bestünde in seiner Bewertung mit Hilfe der Bewertungskurve A nach Abb. 3. Diesen Meßwert könnte man unmittelbar und ohne Auswertung von jedem üblichen Schallpegelmesser ablesen. Dieser Weg ist nicht gebräuchlich. Vielmehr wird zur Auswertung von $L_n = L_n(f)$ in [42] eine Bezugskurve definiert, mit der in ähnlicher Weise wie beim Luftschalldämm-Maß $R = R(f)$ ein Schutzmaß, hier das Trittschallschutzmaß *TSM* definiert wird. In [42] heißt es hierzu:

„Für die Bewertung des nach DIN 52 210 Teil 1 gemessenen Normtrittschallpegels L_n bzw. L'_n (Auch hier wird zwischen Messungen ohne und mit Flankenübertragung unterschieden. Das Formelzeichen des mit Flankenübertragung gemessenen Normtrittschallpegels erhält einen Apostroph [L'_n], vgl. Seite 19) gilt die Bezugskurve nach Abb. 10 und Tabelle 6.

Das Trittschallschutzmaß wird durch Vergleich der Meßkurve mit der Bezugskurve nach Abb. 10 ermittelt. Dazu wird die Bezugskurve ge-

Tabelle 6: Werte der Bezugskurve für die Bewertung der Trittschalldämmung bei Messungen in Terzen

Frequenz Hz	100	125	160	200	250	315	400	500
L_n oder L'_n dB	70	70	70	70	70	70	69	68

Frequenz Hz	630	800	1000	1250	1600	2000	2500	3150
L_n oder L'_n dB	67	66	65	62	59	56	53	50

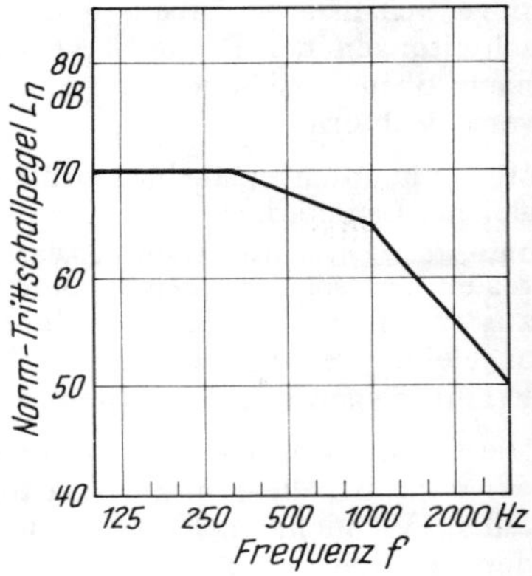

Abb. 10
Bezugskurve nach DIN 52 210 Teil 4
[42] zur Gewinnung der Einzahlan-
gabe Trittschallschutzmaß TSM aus
den als Funktion der Frequenz ge-
messenen Normtrittschallpegeln
(s. Tabelle 6).

genüber der Meßkurve parallel zu sich selbst in Ordinatenrichtung um ganze dB soweit verschoben, daß die mittlere Überschreitung der Bezugskurve durch die Meßkurve so groß wie möglich wird, jedoch nicht mehr als 2,0 dB beträgt. Der Betrag, um den die Bezugskurve verschoben wird, ist das Trittschallschutzmaß *TSM*.

Bei einer Verschiebung nach unten ist das Trittschallschutzmaß positiv, bei einer Verschiebung nach oben negativ.

Die mittlere Überschreitung wird bestimmt, in dem man die einzelnen Überschreitungen der (verschobenen) Bezugskurve bei den jeweiligen Meßfrequenzen summiert. Unterschreitungen der Bezugskurve werden nicht berücksichtigt. Bei Messungen mit Oktavfiltern in Halboktavabständen werden die Überschreitungen bei allen Meßfrequenzen mit ihrem vollen Wert eingesetzt und die Summe wird durch $n = 10$ geteilt, wobei n die Anzahl der Meßfrequenzen ist. Bei Messungen in Terzabständen werden die Überschreitungen bei den Frequenzen 100 Hz und 3 150 Hz mit ihrem halben Wert eingesetzt und die Summe aller Überschreitungen wird durch $n - 1 = 15$ geteilt."

Hinweis: Die Meßapparatur soll für Trittschalluntersuchungen stets mit Oktavfiltern ausgerüstet sein; bei Luftschalluntersuchungen werden dagegen Terzfilter verwendet (s. Abb. 2). Werden aus besonderen Gründen auch für Trittschalluntersuchungen Terzfilter benutzt, so ist das Meßergebnis immer auf Oktavbereiche umzurechnen, indem man dem angezeigten Pegelwert 10 log 3 = 4,8 dB hinzufügt.

Die Form der Bezugskurve berücksichtigt zunächst Eigenschaften des menschlichen Ohres, indem große Schallpegel bei niedrigen Frequenzen weniger berücksichtigt werden, weil sie weniger stören. Hohe Frequenzen (am rechten Rand von Abb. 10) dürfen dagegen nur eine geringe Schallstärke haben. Andernfalls muß wegen zu großer Überschreitungen der Bezugskurve durch die Meßwerte die Bezugskurve nach oben verschoben werden, was das Trittschallschutzmaß *TSM* verschlechtert.

Man erkennt aber auch, daß die Kurve in Abb. 10 nicht einer Kurve gleicher Lautstärkeempfindung [33] folgt. Der Grund mag darin liegen, daß das genormte Hammerwerk gerade kein getreues Abbild des realen Trittschalls erzeugt. Der Verlauf der Bezugskurve muß daher zusätzlich an das Verhalten konkreter und gebräuchlicher Bauteile angelehnt werden, deren reales Trittschallverhalten nach landläufiger Erfahrung gewissen Mindestanforderungen entspricht.

Die Erfahrungen lehrten, daß keine der gebräuchlichen *Roh*decken in der Lage ist, die Mindesterwartungen an den Trittschallschutz zu erfüllen. Vielmehr muß die Rohdecke stets durch insbesondere Fußböden zu einer sogenannten wohnfertigen Decke ergänzt werden. An einer Decke, die die Trittschallanforderungen erfüllt, sind daher stets wenigstens zwei Gewerke bei der Herstellung (z. B. Rohbau und Ausbau) beteiligt. Es hat sich daher als zweckmäßig erwiesen, den Trittschallpegel L oder L_n einerseits und das *TSM* der fertigen Decke andererseits jeweils in zwei Anteile aufzuspalten, für deren Einhaltung jedes der beiden Gewerke getrennt verantwortlich gemacht werden kann.

Mißt man z. B. nacheinander den Trittschallpegel L bei einer Frequenz für eine bestimmte Rohdecke und für die durch eine Auflage, Estrich oder Unterdecke ergänzte Rohdecke, so unterscheiden sich die beiden Meßwerte um ΔL (siehe Abb. 11).

$$\Delta L = L \text{ (Rohdecke)} - L \text{ (Gesamtdecke)} \quad \text{dB} \tag{22}$$

ΔL heißt Trittschallminderung und ist im Regelfall für jede der 16 Meßfrequenzen in Terzabständen eine andere Zahl. Ihre Darstellung von ΔL als Funktion der Frequenz ergibt die Trittschallminderungskurve.

ΔL erweist sich als unabhängig von der bei der Messung verwendeten Rohdecke. Eine bestimmte Deckenauflage vermindert also den Trittschallpegel bei jeder Decke um den gleichen Betrag. ΔL ist damit eine Eigenschaft allein der Deckenauflage. Werden mehrere Deckenauflagen gleichzeitig auf eine Rohdecke aufgebracht, z. B. schwimmender Estrich und Teppichboden, so kann man näherungsweise die Summe der Trittschallminderungen vom Trittschallpegel der Rohdecke subtrahieren.

$$\Delta L_{\text{ges}} = \sum_{i=1}^{n} \Delta L_i$$

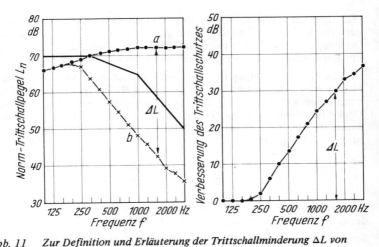

Abb. 11   Zur Definition und Erläuterung der Trittschallminderung ΔL von Deckenauflagen:
a Trittschallpegel der Rohdecke, b Trittschallpegel der durch eine Deckenauflage verbesserten Rohdecke. Hinweis: Die frequenzabhängige Trittschallminderung ΔL kann nur mit Hilfe einer Bezugsdecke zu einer Einzahlangabe zusammengefaßt werden (s. Gleichung 23).

Für den praktischen Gebrauch ist für die Funktion $\Delta L = \Delta L(f)$ auch eine Einzahlangabe entwickelt worden: Hier erweist sich jedoch die vielleicht analog zu Gleichung 22 zu ermittelnde Größe *TSM* (Rohdecke) − *TSM* (Gesamtdecke) als *nicht* von der Rohdecke unabhängig. Man kann sich leicht davon überzeugen, wenn man die in Abb. 11b sichtbare Trittschallminderung einmal von der eingezeichneten Rohdeckenkurve abzieht (man erhält Kurve b in Abb. 11a) und sich die gleiche Trittschallminderung danach von einer Rohdecke abträgt, deren Trittschallpegel L etwa der Bezugskurve folgt. In beiden Fällen erhält man für die Gesamtdecken Kurven sehr unterschiedlicher Form. Die Trittschallpegelkurve b nach Abb. 11a weist kaum, die danach ermittelte Kurve dagegen erhebliche Unterschreitungen der Bezugskurve auf, die bei der Ermittlung von *TSM* jedoch unberücksichtigt bleiben müssen. Der Trittschallpegel beider Decken ist zwar objektiv um den gleichen Betrag vermindert worden, die erfolgte Verbesserung kann aber nicht in beiden Fällen in gleicher Weise für *TSM* angerechnet werden. Es ergibt sich also eine verfahrensbedingt unterschiedliche Erhöhung des Trittschallschutzmaßes durch die Deckenauflage für verschiedene Rohdecken.

Man kann auch leicht eine Tendenz erkennen: Decken, die wie massive Decken bei Trittschallanregung besonders intensiv hohe Frequenzen abstrahlen (das Geräusch des Hammerwerkes klingt hell) lassen sich durch Trittschallminderungen gemäß Abb. 11 b stark verbessern. Decken, die höhere Frequenzen dagegen gut dämmen, Gehgeräusche klingen dumpf, lassen sich dagegen nur noch schwer verbessern.

Für die Definition einer Einzahlangabe für ΔL muß nach dem Gesagten eine bestimmte (reale oder gedachte) Rohdecke als Bezugsdecke vorgegeben werden, von der ΔL abgetragen wird, worauf das *TSM dieser* Decke bestimmt wird. Das Trittschallschutzmaß der Bezugsdecke wird anschließend substrahiert. So definiert [42] das Trittschallverbesserungsmaß *VM* gemäß

$$VM = TSM \text{ (Rohdecke einschließlich Auflage)} - TSM \text{ (Rohdecke)}$$

$$= \quad\quad TSM_1 - 15 \quad\quad\quad \text{dB} \quad\quad\quad\quad (23)$$

Die Bezugsdecke ist in [42] einer ca. 12 cm dicken Stahlbetonplattendecke nachempfunden. Ihr *TSM* ist -15 dB (vgl. Abb. 25).

Soll das Verhalten einer fertigen Decke, bestehend aus Rohdecke und einer Auflage mit dem Verbesserungsmaß *VM* vorhergesagt werden, so darf aus den gleichen Gründen, wie beim *VM* beschrieben, nicht das *TSM* der Rohdecke unmittelbar verwendet werden. Vielmehr muß hier eine Art Bezugsauflage, gekennzeichnet durch dessen ΔL, in [42] „Korrekturwerte" genannt, definiert werden, die als auf der Bezugsdecke liegend angenommen wird. Von dem *TSM* der so ergänzten Rohdecke wird das Verbesserungsmaß dieser Auflage, nach den Festlegungen [42] in Höhe von *VM* = 20 dB, abgezogen werden. Man erhält auf diese Weise das sog. äquivalente Trittschallschutzmaß TSM_{eq}

$$TSM_{eq} = TSM \text{ (Rohdecke einschl. Korrektur)} - VM \text{ (Bezugsauflage)}$$

$$= \quad TSM_{korr} - 20 \quad\quad \text{dB} \quad\quad\quad\quad (24)$$

Durch äquivalentes Trittschallschutzmaß TSM_{eq} und Verbesserungsmaß *VM* ist die angestrebte Aufteilung des Trittschallschutzmaßes *TSM* der fertigen Decke auf die beiden beteiligten Gewerke möglich geworden, denn es gilt mit für die Praxis völlig ausreichender Genauigkeit

$$TSM \quad = \quad TSM_{eq} \quad + \quad VM \quad\quad\quad\quad\quad (25)$$

(fertige Decke) (Rohdecke)   (Auflage)

Beim Aufbringen von zwei Auflagen dürfen allerdings die Verbesserungsmaße beider nicht addiert werden. Vielmehr muß über die Summe der ΔL ein gemeinsames *VM*, das stets kleiner als die Summe der Verbesserungsmaße der Einzelauflagen ist, ermittelt werden.

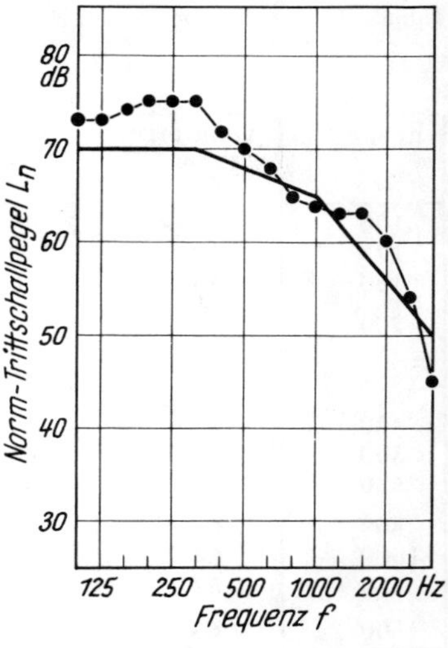

Abb. 12
Beispiel für das Meßergebnis des Norm-trittschallpegels L_n einer Decke (Polygonzug). Zusätzlich eingetragen ist die Bezugskurve nach Abb. 10. Mit Hilfe dieses Beispiels werden im Text und in Tabelle 7 die Berechnungen der Einzahlangaben TSM, TSM_{eq} und VM demonstriert.

Dem zusätzlich interessierten Leser sei auch hier ein *Beispiel* vorgeführt: Der Normtrittschallpegel L_n einer Altbaudecke (gemauerte Stahlsteindecke mit oberseitigem Linoleum) ist in Abb. 12 dargestellt. Zu lösen sind folgende Fragen:

a) Wie groß ist das Trittschallschutzmaß *TSM* dieser Decke?

b) Welches *VM* müßte ein zusätzlicher Bodenbelag besitzen, damit das *TSM* der damit modernisierten Decke wenigstens auf TSM = 10 dB steigt?

Berechnungen s. Seite 36/37. Ergebnis:

$TSM_{eq} = +4 - 20 = -16$ dB (Gleichung 20)

Das gesuchte Verbesserungsmaß ergibt sich nach Gleichung 25:

$VM = +10 - (-16) = 26$ dB

Das gewählte, realistische Beispiel zeigt recht gut die Problematik der Einzahlangaben beim Trittschall. Sie zeigt — für die Praxis — zusätzlich die Schwierigkeit, eine schon ganz ordentliche Altbaudecke durch nachträgliche Maßnahmen zu sanieren. Obwohl die Gesamtdecke im Trittschallschutzmaß nur von −1 dB auf +10 dB, also um 11 dB, verbessert zu werden brauchte. muß die Zusatzmaßnahme ein Verbesserungsmaß *VM* von wenigstens *VM* = 26 dB aufweisen. Derartig große Verbesserungsmaße sind nach Tabelle 22 und auf Seite 122 zwar mit sehr hochwertigen Teppichböden oder schwimmenden Estrichen erreichbar, jedoch als nachträgliche Maßnahme sehr problematisch. Beim

Tabelle 7: Zahlenwerte zum Beispiel

zu a)

Frequenz Hz	Oktavpegel der Decke dB	Bezugs- kurve dB	Überschreitung bei Verschie- bung um 0 dB	Überschreitung bei Verschie- bung um −1 dB
100	73	70	3/2 = 1,5	1
125	73	70	3	2
160	74	70	4	3
200	75	70	5	4
250	75	70	5	4
315	75	70	5	4
400	72	69	3	2
500	70	68	2	1
630	68	67	1	−
800	65	66	−	−
1000	64	65	−	−
1250	63	62	−	−
1600	63	59	4	3
2000	60	56	4	3
2500	54	53	1	−
3150	45	50	−	−
Summe der Überschreitungen mittlere Überschreitung			38,5 > 2,0	27 < 2,0

$$TSM = -1 \text{ dB}$$

vorliegenden Beispiel dürfte es daher ratsamer sein, den alten Fußbodenaufbau bis zur Rohdecke abzutragen und einen neuen, wirksameren schwimmenden Estrich aufzubauen. (Einzelheiten siehe Abschnitt 4.1). Wie der Verlauf der Überschreitungen im Beispiel b zeigt, ist es üblicherweise besonders problematisch, schon bei tiefen Frequenzen eine deutliche Trittschallminderung zu erreichen. Daher wird das Trittschallschutzmaß bei der Beispieldecke für alle denkbaren Maßnahmen immer durch das Verhalten bei tiefen Tönen bestimmt.

1.5 Schalldämmung von haustechnischen Anlagen

Als haustechnische Anlagen gelten zunächst die zu einem Gebäude gehörenden Einrichtungen, bei deren Betrieb Schall entsteht und in Aufenthaltsräume übertragen werden kann. Dazu gehören z. B.

zu b)

Frequenz Hz	Oktavpegel der Decke dB	Korrektur- werte dB	Korrigierte Decke dB	Bezugs- kurve dB	Überschrei- tung bei Ver- schiebung um + 4 dB
100	73	0	73	70	7/2 = 3,5
125	73	0	73	70	7
160	74	0	74	70	8
200	75	2	73	70	7
250	75	6	69	70	3
315	75	10	65	70	–
400	72	14	58	69	–
500	70	18	52	68	–
630	68	22	46	67	–
800	65	26	39	66	–
1000	64	30	34	65	–
1250	63	30	33	62	–
1600	63	30	33	59	–
2000	60	30	30	56	–
2500	54	30	24	53	–
3150	45	30	15	50	–

Summe der Überschreitungen   27,5
mittlere Überschreitung   < 2,0
mithin TSM_{korr} = + 4 dB

– Wasser- und Abwasseranlagen, einschließlich Druckerhöhungsanlagen,
– Anlagen zur Energieversorgung, wie elektrische Anlagen einschließlich Notstromaggregate,
– Anlagen zur Heizung, Lüftung oder Klimatisierung von Gebäuden,
– Aufzüge,
– ortsfeste Kücheneinrichtungen in Beherbergungsstätten, Krankenanstalten, Wohnheimen u. a.,
– Müllbeseitigungsanlagen,
nicht dagegen ortsveränderliche Haushaltsgeräte, z. B. Staubsauger,
Wasch- und Küchenmaschinen.

Der Schutz der Hausbewohner in ihren Wohnungen vor dem störenden Schall erfordert jeweils gezielte Maßnahmen, die bei der Grund-
rißplanung, der Aufstellung der Geräte, der Ausgestaltung der Be-
triebsräume zu beginnen haben. Erst an die zweite Stelle treten rein

bauliche Maßnahmen des Hochbaus, wie schalldämmende Wände und trittschalldämmende Decken.

Anders als bei den Fragen der Luft- und Trittschalldämmung läßt sich der zu erreichende Schallschutz daher nicht durch Eigenschaften der Bauteile, wie das Schalldämm-Maß oder das Trittschallschutzmaß beschreiben: R_W und TSM sind weitgehend als Relativgrößen definiert. Man kann damit unter Einbeziehung von Erfahrungen der Hausbewohner angeben, welchen Zahlenwert beide Größen überschreiten müssen, damit lästige Störungen in nach dem Stand der Technik errichteten Bauten beim Nachbarn nicht auftreten. Definition und Anforderungsniveau für R'_W und TSM gehen daher vom üblichen Wohnverhalten aus („Zimmerlautstärke", Einhaltung der Mittagsruhe usw.). Da haustechnische Anlagen ein jeweils spezifisches Geräuschverhalten aufweisen, für das allgemeine Erfahrungen kaum erreichbar sind, können auch die Relativangaben R'_W oder TSM die Schalldämmung gegenüber haustechnischen Anlagen kaum beschreiben.

Diese grundsätzlichen Schwierigkeiten bei der Beschreibung der Schalldämmung umgeht man nur dadurch, daß man unmittelbar die Zielgröße, nämlich den im Empfangsraum (z. B. benachbarter Aufenthaltsraum) auftretenden störenden Schallpegel beschreibt. Man macht damit erst gar nicht den Versuch, die einzelnen Übertragungswege von der Anlage in den Empfangsraum hinsichtlich Luft- und Körperschallübertragung getrennt zu kennzeichnen und zu reglementieren. Wenn vielmehr, durch welche planerischen oder baulichen Maßnahme auch immer, erreicht wird, daß der Schallpegel unterhalb eines auch nachts nicht störenden Schallpegels bleibt, wird die Schalldämmung als ausreichend angesehen werden können.

Die Einzahlangabe, die hier das schalltechnische Verhalten einer Anlage beschreibt, ist der A-bewertete Störschallpegel im fremden Aufenthaltsraum. Diesen Wert bestimmte Grenzwerte nicht übersteigen zu lassen, erfordert die gemeinsame Anstrengung von Bauplanern, Geräteherstellern und der für Einbau und Wartung Verantwortlichen.

Eine gewisse Aufgabenteilung zwischen Hersteller und Planer ist lediglich bei den Armaturen und Geräten der Wasserinstallation erfolgt. Nach den Prüfvorschriften der DIN 52218 Teil 1 [51] wird ein Armaturengeräuschpegel L_{AG} bestimmt. Der so ermittelte (A-bewertete) Pegel entspricht dann im Mittel etwa dem Wert, der für die untersuchte Armatur bei den selben Werten des Fließdruckes und des Durchflusses in ausgeführten Bauten im Massivbau auftritt, wenn die Armatur im Bad oder in der Küche einer Wohnung betätigt und der Schallpegel im nächstbenachbarten fremden Wohnraum gemessen wird. Dabei ist vorausgesetzt, daß diejenige Wand, an der die Rohrleitungen montiert sind, nicht unmittelbar an einen Wohnraum an-

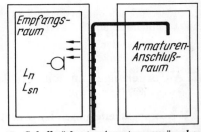

Abb. 13
Schema einer Messung im Installa-
tionsprüfstand. Die zu prüfende
Armatur und alternativ das In-
stallationsgeräuschnormal (IGN)
werden im Armaturenanschluß-
raum an die gezeichnete Wasser-
leitung angeschlossen. Das bei
Betätigung entstehende Geräusch
breitet sich entlang der Leitung
aus und regt die Meßwand des
Empfangsraumes zu Schwingungen an. L_n *Schallstärke des Armaturengeräusches*
im Empfangsraum in der n-ten Oktave, L_{sn} *entsprechende Schallstärke des IGN.*

grenzt. Bei Grundrißanordnungen, die hiervon abweichen, können sich andere Werte ergeben. Sie können z. B. bis 10 dB höher liegen, wenn die Installation unmittelbar an der Trennwand zu einem Wohnraum angeordnet ist. (Dort eingebaute Armaturen müssen damit in L_{AG} um 10 dB leiser sein.) Schreibt also der Architekt eine Armatur mit einem entsprechend kleinen Armaturengeräuschpegel aus, so kann er sicher sein, daß dann der Geräuschpegel in seinem Bauvorhaben entsprechend klein sein wird.

Zur Messung von L_{AG} in verschiedenen Prüfständen ist in [51] eine Normalarmatur, das Installationsgeräuschnormal (IGN) als Eichschallquelle eingeführt worden. Sie ermöglicht es, die Absorptionseigenschaften des Empfangsraumes und die Eigenschaften der Wasserleitung und dessen Schallabstrahlung herauszurechnen: Der für insgesamt sechs Oktaven von 125 Hz bis 4 000 Hz gemessene Schallpegel L_{AGn} ergibt sich nämlich gemäß

$$L_{AGi} = L_i - L_{si} + L_{soi} \qquad i = 1 \ldots 6 \tag{26}$$

wobei L_i der Meßwert für die untersuchte Armatur in der i-ten Oktave, L_{si} der Meßwert des anstelle der Armatur eingesetzten IGN und L_{soi} ein festgelegter Wert ist, der das Verhalten des IGN in einem „Idealprüfstand" kennzeichnet.

Aus L_{AGi} gemäß Gleichung 26 wird dann durch energetische Addition unter Einbeziehung der Korrekturwerte $k(A)_i$ der Bewertungskurve A der Armaturengeräuschpegel L_{AG} berechnet.

$$L_{AG} = 10 \log \left(\sum_{i=1}^{6} 10^{\frac{L_{AGi} + k(A)_i}{10}} \right) \text{ dB} \tag{27}$$

In Abb. 13 ist das Schema der Messung im Installationsprüfstand skizziert.

2 Anforderungen an den Schallschutz im Hochbau

2.1 Ausgangsüberlegungen für gesetzliche Bestimmungen

Das Wortteil Schutz im Wort Schallschutz erinnert daran, daß der Schall in der Regel zwei Gesichter hat. Radio und Fernsehen, Gespräche usw. dienen zunächst der Information, ja sogar der Erholung und Entspannung, das Plappern des Kindes wird mit „ach wie süß" quittiert. Für den unfreiwillig zuhörenden Fremden ist der gleiche Schall *Lärm*. Der gleiche Schall hindert bereits in einem Bruchteil seiner Ausgangsintensität den Nachbarn am Einschlafen oder verursacht Unbehagen, ja Erregung und Wut. Der gleiche Schall kann – je nach Informationsgehalt – eine konzentrierte geistige Arbeit be- oder verhindern und so Arbeitsfreude oder -erfolg beeinträchtigen. Er kann Streß verursachen und derart die Gesundheit beeinträchtigen. Durch unerwünschte Schallimmisionen*) wird in die Persönlichkeitsrechte eines Menschen eingegriffen. Die Einwirkung von Lärm sehr hoher Schallstärke, z. B. von Maschinen am Arbeitsplatz, führt zu Lärmschwerhörigkeit und damit letztlich zu Berufsunfähigkeit und Invalidität.

Angesichts der geschilderten Schädlichkeit von Schall – in diesem Fall Lärm genannt – gehört es zur Fürsorgepflicht des Staates seinen Bürgern gegenüber, Regeln über die Zumutbarkeit von Schallimmissionen aufzustellen oder für bekannte Schallemissionen**) das Maß der mindestens erforderlichen Schalldämmung oder -dämpfung anzugeben und diese notfalls zu überwachen und durchzusetzen.

Schallschutz wird damit zu einer Angelegenheit, die öffentliches Interesse beansprucht und z. B. im Polizei- oder Ordnungsrecht und im Nachbarschaftsrecht geregelt werden muß.

---

*) Immissionen sind auf Menschen sowie auf Tiere, Pflanzen oder andere Sachen einwirkende (schädliche) Umwelteinwirkungen, wie Luftverunreinigungen, Geräusche, Erschütterungen, Wärme oder Strahlen.

**) Emissionen sind die von einer Anlage (hier im weitesten Sinne) ausgehenden Luftverunreinigungen, Geräusche, Erschütterungen, Licht, Wärme, Strahlen oder ähnliche Umwelteinwirkungen.

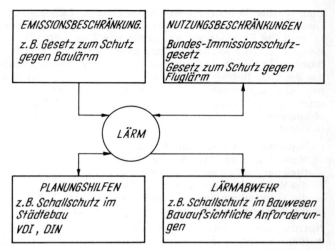

Abb. 14   *Einige Zielrichtungen von Schallschutzmaßnahmen in vereinfachender Übersicht. Ansatzpunkte für gesetzliche und normative Regelungen.*

Durch das Gesagte wird aber auch gleichzeitig die Grenze für die Eingriffsmöglichkeiten des Staates deutlich: Geregelt werden kann nur die Schallimmission bei einem Fremden oder Unbeteiligten, also beim Nachbarn. Zwingende Regelungen kann es daher nicht für den eigenen Wohn- oder Arbeitsbereich geben. Geregelt werden kann weiterhin nur ein *Mindestschallschutz,* der gerade ausreicht, die Schallimmission unter das maximal im Regelfall Zumutbare oder technisch Realisierbare herunterzudrücken. Maßstab ist damit ausschließlich das zur Aufrechterhaltung der öffentlichen Sicherheit und Ordnung, insbesondere Leben oder Gesundheit, Erforderliche. Man kann von dem gesetzlichen Schallschutz nicht erwarten, daß er jede Art von Störung oder Belästigung gänzlich verhindert. Vielmehr bleibt die Verpflichtung zu partnerschaftlichem Handeln; es gilt die Grundregel: Jeder hat sich so zu verhalten, daß schädliche Umwelteinwirkungen vermieden werden, soweit das nach den Umständen des Einzelfalles möglich und zumutbar ist. Aber auch die Umkehrung gilt: Keiner kann den Nachbarn zwingen, sich über das Zumutbare hinaus einzuschränken. Ein Rest an Immissionen muß geduldet werden.

In Abb. 14 wird der Versuch gemacht, die Zielrichtungen von einzelnen Vorschriften systematisch grob zu ordnen. Die Zuordnung ist allerdings nicht immer so eindeutig möglich, vielmehr werden durchaus gleichzeitig mehrere Zielrichtungen verfolgt.

Emissionsbeschränkungen haben das Ziel, die Lärmentstehung an der Quelle der Höhe nach zu begrenzen. Ist dies technisch nicht möglich, so wird die Emission auf nur bestimmte Tageszeiten beschränkt. Als Beispiel für eine solche Regelung kann das Gesetz zum Schutz gegen Baulärm [12] mit den zugehörigen Verwaltungsvorschriften gelten, das die vom Betrieb von Baumaschinen auf Baustellen hervorgerufenen Geräuschimmissionen begrenzt. Überschreiten nämlich diese Immissionen bestimmte Grenzwerte, so sollen Maßnahmen zu deren Minderung angeordnet werden. Dafür kommen insbesondere in Betracht:

— Maßnahmen bei der Einrichtung der Baustelle,
— Maßnahmen an den Baumaschinen, mit dem Ziel, die Ausbreitung der Geräusche zu beschränken, ferner
— die Verwendung geräuscharmer Baumaschinen,
— die Verwendung geräuscharmer Bauverfahren,
— die Beschränkung der Betriebszeit lautstarker Baumaschinen.

Nutzungsbeschränkungen können für Grundstücke ausgesprochen werden. So ist es z. B. aufgrund des Gesetzes zum Schutz gegen Fluglärm [13] unzulässig, Krankenhäuser, Altenheime oder Schulen in einer bestimmten Umgebung, dem Lärmschutzbereich, zu errichten. In einem lauteren Teilgebiet des Lärmschutzbereiches, der Schutzzone 1, dürfen auch Wohnungen nicht errichtet werden, in dem leiseren Teilgebiet, der Schutzzone 2, dürfen Wohnungen nur bei Einhaltung besonderer baulicher Schallschutzanforderungen errichtet werden.

Anlagen, die aufgrund ihrer Beschaffenheit oder ihres Betriebes in besonderem Maße geeignet sind, schädliche Umwelteinwirkungen hervorzurufen, dürfen nicht ohne Genehmigung gebaut oder betrieben werden. Eine solche Genehmigung wird nach den Bestimmungen des Bundesimmissionsschutzgesetzes [14] und der entsprechenden Landesgesetze ausgesprochen und setzt voraus, daß die nach dem Stand der Technik im Einzelfall möglichen Maßnahmen zur Minderung der schädlichen Umwelteinwirkungen ergriffen werden.

Planungshilfen erlauben es, bereits im Planungsstadium vorherzusagen, mit welcher Lärmbelästigung in der Umgebung einer Anlage gerechnet werden muß. So kann bereits in der Phase der Bauleitplanung [11], insbesondere bei der Aufstellung des Bebauungsplanes entschieden werden, welche Schutzflächen und Flächen für Anlagen zum Schutz vor schädlichen Immissionen frei gehalten werden müssen. So kann man etwa mit Hilfe von DIN 18 005 Teil 1 [24] konkret ausrechnen, welche Abmessungen z. B. Schallschutzwände besitzen müssen, wenn die Lärmimmission um ein bestimmtes Maß gesenkt werden muß.

In all den Fällen, in denen weder durch Emissionsbeschränkungen noch mit Nutzungsbeschränkungen die Schallemission von der Quelle her begrenzt werden kann, ist der Architekt oder Bauingenieur aufgerufen, durch rein bauliche Maßnahmen für eine Lärmabwehr zu sorgen. Hierdurch wird es den Menschen ermöglicht, sich in eine geschützte gebaute Umwelt zurückzuziehen, um so die für Schlaf, Erholung oder Arbeit nötige Ruhe zu finden.

Für die in diesem Bereich wohl wichtigste Schallquelle ist der Mensch selbst verantwortlich. Er unterhält sich, feiert, hört Radio oder spielt ein Musikinstrument. Jeder Versuch, in diesem Fall die Emission oder Nutzung auf ein bestimmtes Maß zu senken, das die Störung des Nachbarn vermeidet, stellt einen Eingriff in die Persönlichkeitsrechte des Einzelnen dar. So ist es gerade der häusliche Lärm, der nur mit baulichen Mitteln bekämpft werden, also gedämmt werden kann. Im folgenden sollen daher nur die hierfür geltenden Vorschriften näher erläutert werden.

2.1.1 Schallschutz in der Bauordnung

Ausgangspunkt für alle Anforderungen an Bauten ist zunächst die Bauordnung, also ein vom jeweiligen Bundesland erlassenes Gesetz. Damit endet zwar der örtliche Gültigkeitsbereich dieses Gesetzes an der jeweiligen Landesgrenze, doch folgen alle z. Z. in Kraft befindlichen Bauordnungen weitgehend einem gemeinsam ausgearbeiteten Muster, der Musterbauordnung [9]. Geringe Unterschiede gibt es hinsichtlich der Aufteilung der einzelnen Anforderungen auf die einzelnen Paragraphen oder Artikel. Gewisse sachliche Unterschiede ergeben sich, da die Musterbauordnung „fortgeschrieben" wird und die zu verschiedenen Zeiten in den Bundesländern erlassenen Bauordnungen jeweils die gerade gültige Fassung der Musterbauordnung berücksichtigen. Hier soll daher allein die Landesbauordnung des Landes Nordrhein-Westfalen [10] betrachtet werden, doch gelten die sachlichen Feststellungen auch für die anderen Bundesländer.

Sucht man in der Bauordnung nach den Anforderungen über den baulichen Schallschutz, so stellt man folgendes fest:

Zunächst thront über allen Anforderungen als Generalmaßstab der § 3:

„§ 3 Allgemeine Anforderungen
(1) Bauliche Anlagen sind so anzuordnen, zu errichten, zu ändern und instand zu halten, daß die öffentliche Sicherheit oder Ordnung, insbesondere Leben oder Gesundheit, nicht gefährdet werden. Die allgemein anerkannten Regeln der Baukunst sind zu beachten. . . .

(3) Als allgemein anerkannte Regeln der Baukunst gelten auch die von der obersten Bauaufsichtsbehörde eingeführten technischen Baubestimmungen. Die Einführung erfolgt durch Bekanntmachung im Ministerialblatt. ...

(4) Soweit im Einzelfall besondere Anforderungen gestellt werden, müssen sich diese im Rahmen der allgemeinen Anforderungen des Absatzes 1 halten."

Maßstab für alle Anforderungen ist allein das zur Erhaltung von Leben oder Gesundheit Erforderliche. Weitergehende Anforderungen, z. B. zur Hebung des Wohnkomforts oder des Luxus, können gesetzlich nicht gefordert werden. Absatz 3 ermächtigt die Landesregierung, sogenannte technische Baubestimmungen zur Konkretisierung technischer Details durch Bekanntmachung „einzuführen". Wichtig ist auch die Verpflichtung, Bauten gemäß den Bestimmungen jeweils instand zu halten.

Das Stichwort Schallschutz findet sich erstmalig in einer Gruppe von Paragraphen, die jeweils bestimmte technische Bereiche allgemein regeln: Genannt seien

§ 16 Standsicherheit
§ 17 Schutz gegen Feuchtigkeit, Korrosion, Schädlinge und sonstige Einflüsse,
§ 18 Brandschutz,
§ 19 *Wärme-, Schall- und Erschütterungsschutz,*
§ 20 Beheizung, Belichtung, Beleuchtung und Lüftung,
§ 21 Verkehrssicherheit.

§ 19 heißt im Wortlaut:

„(1) Bei der Errichtung und Änderung von Gebäuden ist ein den klimatischen Verhältnissen entsprechender Wärmeschutz sowie ein ausreichender Schallschutz vorzusehen.

(2) Erschütterungen, Schwingungen und Geräusche, die von ortsfesten Einrichtungen ausgehen, sind so zu dämmen, daß Gefahren oder unzumutbare Belästigungen nicht entstehen."

Technischer Hintergrund ist also der Luft- und Trittschallschutz einerseits und der Schallschutz gegenüber Geräuschen aus haustechnischen Anlagen andererseits.

Es fällt auf, daß keinerlei Angaben über das konkrete Maß der erforderlichen Schalldämmung gemacht werden. Das Gesetz fordert lediglich einen „ausreichenden" Schallschutz. Auch fehlen Zahlenangaben über die Grenze der Zumutbarkeit einer Belästigung.

Die Forderung „müssen ausreichend schalldämmend sein" oder „die Weiterleitung von Schall muß ausreichend gedämmt sein" findet sich — ebenfalls ohne konkrete Maßangaben — in den Vorschriften des

§ 31 (4) Trennwände „zwischen fremden Arbeitsräumen oder
Aufenthaltsräumen",
§ 34 (5) Decken und Böden,
§ 43 (3) Lüftungsanlagen,
§ 44 Installationsschächte und Installationskanäle,
§ 45 (1) Feuerungsanlagen und Heizungsräume,
§ 57 (2) Abfallschächte.

Für Gebäude besonderer Art oder Nutzung enthält das Gesetz in
§ 69 (1) Ziffer 4 eine Ermächtigung, Sonderanforderungen zu stellen,
deren Rahmen ebenfalls durch § 3 vorgegeben ist.

Es soll hier betont werden, daß es prinzipiell zu begrüßen ist, daß die
Bauordnung *keine* konkreten Größenangaben zum Schallschutz enthält. Schließlich entstammt das Gesetz einer politischen Willensent-
scheidung. Aufgrund politischer Willensentscheidungen entstand ein
technischer Rahmen, den auszufüllen den Ingenieuren und anderen
Wissenschaftlern in der Exekutive — gestützt auf den Sachverstand
der technisch-wissenschaftlichen Vereinigung oder der Fachverbände
— überlassen bleiben muß.

Im Fall der technischen Ausfüllung politischer Rahmenvorschriften
— hier des Schallschutzes — hat nun die Landesregierung nicht den
Versuch gemacht, den gesetzlichen Rahmen selbst auszufüllen. Hier
wäre die Gefahr doch zu groß, daß die Landesregierung des Landes
Nordrhein-Westfalen zu anderen Ergebnissen kommt als die Regie-
rungen anderer Bundesländer. Die Rechtseinheitlichkeit zwischen
den Bundesländern und damit die Freizügigkeit des Handels würden
ggf. Schaden nehmen. Vielmehr haben die Bundesländer und die
Bundesregierung sich vertraglich die Mithilfe des Deutschen Instituts für Normung (DIN), eines privatrechtlich organisierten Ver-
eins, gesichert. Dieser Verein erarbeitet in einer Vielzahl von Ar-
beitsausschüssen die Normen, auf deren Inhalt bei Bedarf auch Ver-
treter der Behörden Einfluß nehmen.

Die *wichtigen* Normen können dann gemäß § 3 der Landesbauordnung jeweils als technische Baubestimmung eingeführt werden und
sind damit verbindliche Baubestimmungen. Solange hier alle Bundesländer an einem Strang ziehen, ist sichergestellt, daß in jedem Bundesland die gleichen technischen Anforderungen bestehen.

Das geschilderte Verfahren erscheint kompliziert, jedoch sichert
es die Hoheit der Bundesländer im Bereich des Polizeirechts und
sorgt gleichzeitig für eine weitestgehende Rechtsgleichheit für alle
am Bau Beteiligten über die Landesgrenzen hinweg.

2.2 DIN 4109 als technische Baubestimmung

Die gemäß § 3 der jeweiligen Landesbauordnung durch Einführungserlaß als technische Baubestimmung über den Schallschutz eingeführten Normen tragen die Nummer DIN 4109 und den Sammeltitel „Schallschutz im Hochbau".

Zum Zeitpunkt des Redaktionsschlusses dieses Buches war die Normausgabe DIN 4109 Teile 1 bis 5 in der Ausgabe 1962/63 gültig. Jedoch lag der Entwurf Februar 1979 der Folgeausgabe vor, für die die Verabschiedung zur Norm bevorstand. In diesem Buch soll daher zunächst die Neuausgabe behandelt werden, in der Erwartung, daß sie weitgehend dem Inhalt des vorliegenden Entwurfs folgt. Diese Erwartung ist nicht in allen Details berechtigt, da teilweise erhebliche Einsprüche zu einzelnen Festlegungen vorliegen. Es muß daher dem Leser dieses Buches mit Nachdruck empfohlen werden, bei konkreten Fragen die jeweils gültigen technischen Baubestimmungen hinzuzuziehen.

Es wird für die weiteren Erörterungen in diesem Buch auch davon ausgegangen, daß die Neuausgabe von DIN 4109 — wie bisher auch — ohne tiefe Eingriffe in den Inhalt bauaufsichtlich eingeführt wird.

Diese gewisse Rechtsunsicherheit glaubt der Verfasser im Rahmen eines Einführungsbuches hinnehmen zu können, das von der Sache her nicht den Leser davon entbinden kann und will, die tatsächlichen baurechtlichen Vorschriften im Einzelfall sich zu beschaffen.

DIN 4109 besteht aus folgenden Normen:

DIN 4109 Teil 1 Schallschutz im Hochbau; Einführung und Begriffe,

DIN 4109 Teil 2 Schallschutz im Hochbau; Luft und Trittschalldämmung in Gebäuden; Anforderungen und Nachweise; Hinweise für Planung und Ausführung,

DIN 4109 Teil 3 Schallschutz im Hochbau; Luft- und Trittschalldämmung in Gebäuden; Ausführungsbeispiele für Massivbauten,

DIN 4109 Teil 5 Schallschutz im Hochbau; Schallschutz gegenüber Geräuschen aus haustechnischen Anlagen und Betrieben; Anforderungen und Nachweise; Hinweise für Planung und Ausführung,

DIN 4109 Teil 6 Schallschutz im Hochbau; Bauliche Maßnahmen zum Schutz gegen Außenlärm

Vorbereitet werden:

DIN 4109 Teil 7   Schallschutz im Hochbau; Luft- und Trittschallschutz in Gebäuden; Entwurfsgrundlagen
für Skelettbauten

DIN 4109 Teil 8   Schallschutz im Hochbau; Luft- und Trittschallschutz in Gebäuden; Entwurfsgrundlagen für
Holzhäuser

Hinweis: DIN 4109 Teil 4 gibt es in der Neuausgabe nicht mehr. In
der Normausgabe 1962 wurden Anweisungen für die Ausführung
schwimmender Estriche auf Massivdecken gegeben. Diese Bauart
soll künftig in der speziellen Estrichnorm DIN 18 560, insbesondere
Teil 2, behandelt werden. Die Norm-Nummer DIN 4109 Teil 4 darf
nach den Regeln des DIN nicht für einen anderen Normungsgegen-
stand benutzt werden und bleibt daher offen.

Man erkennt, daß die Normen einerseits die Anforderungen fest-
legen und daß andererseits dem Planer Hinweise für die praktische
Ausführung gegeben werden. Schließlich werden konkrete Ausführungsbeispiele genannt, die den auch für den Schallschutz notwendigen bauaufsichtlichen Brauchbarkeitsnachweis sehr vereinfachen.

Man erkennt weiterhin eine Dreiteilung in

a) Luft- und Trittschalldämmung im Gebäude,

b) Schutz gegen Geräusche aus haustechnischen Anlagen,

c) Schutz gegen Außenlärm.

Der Punkt a schließt unmittelbar an die Forderungen der im Abschnitt
2.1.1 aufgeführten Paragraphen 31, 34, 43 und 44 an und legt das
Maß für „ausreichend gedämmt" fest.

Der Punkt b konkretisiert vor allem den weiten Rahmen des Paragraphen 19 Absatz 2, insbesondere auch die Paragraphen 45 und 57.

Der Punkt c wird in den Landesbauordnungen unmittelbar nicht
angesprochen. So ist z. Z. noch offen, ob und auf welcher Grund-
lage DIN 4109 Teil 6 bauaufsichtlich eingeführt werden wird. Ohne
jeden Zweifel hat aber gerade der Außenlärmschutz eine so große
Bedeutung erlangt, daß bauliche Schutzmaßnahmen aufgrund § 19
Absatz 1 gefordert werden müßten, auch wenn in den weitergehenden Spezialparagraphen über Außenwände (§ 30), Fenster (§ 41) oder
Dächer (§ 36) eine Forderung „muß schallgedämmt sein" fehlt.

Es sei erneut betont, daß DIN 4109 als technische Baubestimmung
lediglich den Schallschutz zwischen *fremden* Aufenthaltsräumen
oder Arbeitsräumen regeln kann. Die Höhe der Anforderungen hat
sich an dem zur Abwehr von unzumutbaren Belästigungen mindestens

Notwendigen zu orientieren. Um so mehr ist es zu begrüßen, daß sich das Deutsche Institut für Normung entschlossen hat, weitergehende Vorschläge anzugeben für einen Schallschutz, der über den Mindestschallschutz hinaus im Sinne gehobener Wohn- oder Arbeitsbedürfnisse angemessen ist. Derartige weitergehende Maßnahmen sind dem Stand der Technik entsprechend angemessen und auch wirtschaftlich vertretbar; sie sind jedoch gesetzlich nicht erzwingbar. Sie müssen daher zwischen Bauherrn und seinem Architekten gesondert verabredet werden.

DIN 4109 behandelt auch den Schallschutz im *eigenen* Wohn- und Arbeitsbereich. Hierfür gibt es überhaupt keine gesetzlichen Anforderungen. Die in der Norm genannten Richtwerte müssen daher ebenfalls privatrechtlich verabredet werden.

Diese Anmerkungen kennzeichnen DIN 4109 als eine Norm, die weit über eine technische Baubestimmung hinausreicht und an einem umfassenden Stand der Technik orientiert ist. Daraus folgt, daß im bauaufsichtlichen Einführungserlaß der Norm angegeben wird, daß die Bauteile lediglich den gestellten Mindestanforderungen genügen müssen und daß die angeführten weitergehenden Vorschläge für einen erhöhten Schallschutz oder Richtwert über den Schallschutz im eigenen Wohn- und Arbeitsbereich nicht verlangt werden.

Wird in einem Verkaufsprospekt mit „Schallschutz nach DIN 4109" geworben, so verbirgt sich dahinter meistens nur der Mindestschallschutz. Dieser ist jedoch kein Werbeargument, sondern erforderliche Mindestausstattung. Die Werbeaussage hat damit die gleiche Aussagefähigkeit wie „das von uns errichtete Gebäude ist standsicher". Definiert und damit geschützt durch DIN 4109 ist allein der Begriff „erhöhter Schallschutz".

Der Begriff des Aufenthaltsraumes wird in DIN 4109 teilweise weiter gefaßt als landläufig üblich: Als Aufenthaltsräume im Sinne von DIN 4109 Teil 2 gelten:

1) Wohn- und Schlafräume, Dielen, Wohn- und Kochküchen in Wohn- und ähnlichen Gebäuden (z. B. Wohnheimen).

2) Übernachtungsräume in Beherbergungsstätten, Bettenräume in Krankenanstalten und Sanatorien.

3) Unterrichtsräume in Schulen und vergleichbaren Unterrichtsstätten.

4) Arbeitsräume, die ähnlich schutzbedürftig sind, z. B. Büroräume, Praxisräume, Sitzungssäle.

5) Flure in Wohnungen sowie Wasch- und Aborträume werden im Sinne der Norm bezüglich des Luftschallschutzes wie Aufent-

haltsräume behandelt. Hinsichtlich der Trittschallübertragung gelten die Anforderungen nur hinsichtlich waagerechter oder schräger Übertragung in fremde Aufenthaltsräume.

Ob ein Raum Diele im Sinne von Punkt 1 oder Flur im Sinne von Punkt 5 ist, richtet sich nach Lage und Größe und deren objektiver Eignung als Aufenthaltsraum; dies ist im Einzelfall zu entscheiden.

Nach einer Angleichung des Normbegriffs „Aufenthaltsraum" an den bauaufsichtlichen Begriff wird im Zuge der Einspruchsberatungen zu DIN 4109 noch gesucht.

2.2.1 Luft- und Trittschalldämmung in Gebäuden

Zur zahlenmäßigen Kennzeichnung der Luft- und Trittschalldämmung werden die für die trennenden Bauteile ermittelbaren Einzahlangaben nach Abschnitt 1.3 bzw. 1.4 verwendet. Diese Zahlen sind also in erster Linie kennzeichnend für die Konstruktion der verwendeten Bauteile. Sie beschreiben aber nur näherungsweise die im Einzelfall erreichte Schalldämmung, die ja fallweise auch von der Größe der beiden Nachbarräumen gemeinsamen Bauteilfläche S und von der Größe der im Empfangsraum gegebenen äquivalenten Absorptionsfläche A abhängt (s. Gleichung 14). Der bei diesem Vorgehen gemachte Fehler ist tolerierbar, da nur auf diesem Wege der Planer in die Lage versetzt wird, sicher und mit vertretbarem Aufwand zu planen und auszuschreiben.

Die verwendeten Einzahlangaben sind im einzelnen (s. Abschnitt 1.3 und 1.4):

— für die Luftschalldämmung von Wänden und Decken:
   das bewertete Schalldämm-Maß R'_w

— für die Luftschalldämmung von Schächten und Kanälen:
   die bewertete Schachtpegeldifferenz $D_{K,w}$

— für die Trittschalldämmung von Decken und Treppen:
   das Trittschallschutzmaß TSM,

— für die Trittschalldämmung von Massivdecken (auch massiven Treppen) ohne Deckenauflage (Rohdecken):
   das äquivalente Trittschallschutzmaß TSM_{eq}

— für die Verbesserung der Trittschalldämmung von Rohdecken durch eine Deckenauflage:
   das Trittschallverbesserungsmaß VM.

Tabelle 8: Luft- und Trittschalldämmung von Bauteilen zum Schutz gegen Schallübertragung aus einem fremden Wo... und Arbeitsbereich nach DIN 4109 in der Fassung des Entwurfes 1979 von DIN 4109 Teil 2. Änderun... sind im Zuge der Einspruchberatungen zu erwarten. *Im Juli 1983 zurückgezogen*

Spalte	a	b	c	d	e
		Mindestanforderungen		Vorschläge für einen erhöhten Schallschutz	
Zeile	Bauteile	R'_w[1] (LSM) dB	TSM dB	R'_w[1] (LSM) dB	TSM dB
1 Geschoßhäuser mit Wohnungen und Arbeitsräumen[2]					
1	Decken unter nutzbaren Dachräumen, z. B. unter Trockenböden, Bodenkammern und ihren Zugängen	55[3]) (3[3]))	10	≧ 57 (≧ 5)	≧ 17
2	Wohnungstrenndecken[4] (auch -treppen und Decken zwischen fremden Arbeitsräumen	55[3]) (3[3]))	10[5]	≧ 57 (≧ 5)	≧ 17[5]
3	Decken über Kellern, Hausfluren, Treppenräumen unter Aufenthaltsräumen	55[3]) (3[3]))	10[6]	≧ 57 (≧ 5)	≧ 17[6]
4	Decken über Durchfahrten, Einfahrten von Sammelgaragen u. ä. unter Aufenthaltsräumen	55 (3)	10[6]	≧ 57 (≧ 5)	≧ 17[6]
5	Decken unter Terrassen, Loggien und Laubengängen	–[7]) (–[7]))	10	–[7]) (–[7]))	≧ 17

6	Decken	Decken innerhalb zweigeschossiger Wohneinheiten	– (–)	10[6])	– (–)	≧ 17[6])
7	Treppen	Treppen, Treppenpodeste und Fußböden von Hausfluren	– (–)	10[6])	– (–)	≧ 17[6])
8	Wände	Wohnungstrennwände[4]) und Wände zwischen fremden Arbeitsräumen	55[3]) (3[3]))	–	≧ 57 (≧ 5)	–
9		Treppenraumwände[8]) und Wände neben Hausfluren	55[3]) (3[3]))	–	≧ 57 (≧ 5)	–
10		Wände neben Durchfahrten, Einfahrten von Sammelgaragen u. ä.	55 (3)	–	≧ 57 (≧ 5)	–
11	Türen	Türen[9]), die von Hausfluren oder Treppenräumen unmittelbar in Aufenthaltsräume – außer Flure und Dielen – von Wohnungen und Wohnheimen oder in Arbeitsräume führen	42 (–10)	–	≧ 52 (≧ 0)	–
12		Türen[9]), die von Hausfluren oder Treppenräumen in Flure und Dielen von Wohnungen und Wohnheimen oder von Arbeitsräumen führen	27 (–25)	–	≧ 37 (≧ –15)	–

Tabelle 8: Fortsetzung

Spalte	a	b	c	d	e
		Mindestanforderungen		Vorschläge für einen erhöhten Schallschutz	
Zeile	Bauteile	$R'_w{}^1$) (LSM) dB	TSM dB	$R'_w{}^1$) LSM dB	TSM dB
2 Einfamilien-Doppelhäuser und Einfamilien-Reihenhäuser					
13	Decken	– (–)	15[6]	– (–)	≧ 25[6]
14	Treppen, Treppenpodeste und Fußböden von Fluren	– (–)	10[6]	– (–)	≧ 20[6]
15	Haustrennwände (Wohnungstrennwände)	57 (5)	–	≧ 67 (≧ 15)	–
3 Beherbergungsstätten, Krankenanstalten, Sanatorien[2]					
16	Decken[10])	55[3]) (3[3]))	10	≧ 57 (≧ 5)	≧ 17
17	Treppen, Treppenpodeste und Fußböden von Fluren	– (–)	10[6]	– (–)	≧ 17[6]
18	Wände zwischen Übernachtungs- bzw. Krankenräumen[10])	49 (–3)	–	≧ 52 (≧ 0)	–
19	Wände[8]) zwischen Fluren und Übernachtungs- bzw. Krankenräumen	49 (–3)	–	≧ 52 (≧ 0)	–

	32 (−20)	−	≧ 42 (≧ −10)	−
20	Türen[9] zwischen Fluren und Übernachtungs- bzw. Krankenräumen			

4 Schulen und vergleichbare Unterrichtsstätten

		32 (−20)	−	≧ 42 (≧ −10)	−
21	Decken zwischen Unterrichtsräumen und dergleichen	55 (3)	10	− (−)	−
22	Wände zwischen Unterrichtsräumen und dergleichen	47[11] (−5[11])	−	− (−)	−
23	Wände[8] zwischen Unterrichtsräumen und dergleichen und Fluren	47[11] (−5[11])	−	− (−)	−
24	Wände zwischen Unterrichtsräumen und dergleichen und Treppenräumen	55[3] (3[3])	−	− (−)	−
25	Türen[9] zwischen Fluren und Unterrichtsräumen und dergleichen	27 (−25)	−	− (−)	−
26	Wände zwischen Unterrichtsräumen und dergleichen und „lauten Räumen" (z. B. Sporthallen, Musikräume, Werkräume)	[11] [11] 55[12] (3[12])	−	− (−)	−
27	Treppen, Treppenpodeste und Fußböden von Fluren	− (−)	10[6]	− (−)	−

Fußnoten zu Tabelle 8 siehe Seite 54

Fußnoten zu Tabelle 8

¹) Bei Türen gilt statt R'_W (bewertetes Bau-Schalldämm-Maß) der Wert R_W (bewertetes Schalldämm-Maß) (siehe DIN 4109 Teil 1 [z. Z. noch Entwurf], Abschnitte 2.5.3 und 2.7).

²) Sind z. B. in Kellern oder Bodenräumen Schwimmbäder, Spielräume o. ä. vorgesehen, dann gelten die Vorschläge für einen erhöhten Schallschutz in den Spalten d und e als Mindestanforderungen.

³) Bei der Güteprüfung am Bau dürfen diese Werte wegen des Einflusses der unterschiedlichen Schall-Längsleitungen um 1 dB unterschritten werden.

⁴) Wohnungstrenndecken und -wände sind Bauteile, die Wohnungen voneinanderer oder von fremden Arbeitsräumen trennen.

⁵) Bei Decken zwischen Fluren, Wasch- und Aborträumen als Schutz nur gegen Trittschallübertragung in fremde Aufenthaltsräume.

⁶) Nur wegen der waagerechten und schrägen Trittschallübertragung in fremde Aufenthaltsräume; Prüfung dementsprechend in waagerechter oder schräger Richtung.

⁷) Bezüglich der Luftschalldämmung gegen Außenlärm siehe DIN 4109 Teil 6 (z. Z. noch Entwurf).

⁸) Die Werte der Spalten b und d für die Luftschalldämmung solcher Wände gelten bei Vorhandensein von Türen für die Wand allein; Prüfung von R'_W in einem Prüfstand mit bauähnlichen Nebenwegen oder am Bau nach Ausschluß der Schallübertragung über die Tür.

⁹) Die Werte der Spalten b und d für die Luftschalldämmung von Türen gelten für die Direktübertragung. Prüfungen von R_W (statt R'_W) in einem Prüfstand ohne Nebenwege.

¹⁰) Grenzen Decken oder Wände von Übernachtungs- bzw. Krankenräumen an läute Räume (z. B. Gasträume, Küchen), dann ist DIN 4109 Teil 5 (z. Z. noch Entwurf), anzuwenden.

¹¹) Neben der Direktübertragung ist die Übertragung des Schalls über Nebenwege (z. B. bei leichten Wänden über die Hohlräume von untergehängten Decken oder aufgeständerten Fußböden oder über durchgehende schwimmende Estriche) zu beachten. Dies bedingt in der Regel ein höheres bewertetes Schalldämm-Maß R'_W für die Wand bei der Eignungsprüfung Teil I (siehe Abschnitt 5.1.2).

¹²) Es ist darauf zu achten, daß dieser Wert durch eine Nebenwegübertragung über Flurwände und -türen nicht verschlechtert wird. Etwa vorhandene Türen vom „lauten" und vom Unterrichtsraum zum Flur sollen möglichst weit voneinander entfernt angeordnet werden oder so ausgebildet sein, daß eine Schallübertragung über diesen Weg so weit wie möglich vermindert wird.

In DIN 4109 Teil 2 wird, wie bereits im Abschnitt 2.2 erläutert, unterschieden zwischen:

a) Mindestanforderungen zum Schutz gegen Schallübertragung aus einem fremden Wohn- oder Arbeitsbereich (s. Tabelle 8),

b) Richtwerten zum Schutz gegen Schallübertragung aus dem eigenen Wohn- oder Arbeitsbereich (s. Tabelle 9) sowie

c) Vorschlägen für einen erhöhten Schallschutz in beiden Bereichen a) und b) (s. Tabellen 1 und 2).

Die Anwendung der Richtwerte und der Vorschläge für einen erhöhten Schallschutz bedarf einer besonderen Vereinbarung, z. B. zwischen dem Bauherrn und dem Entwurfsverfasser.

Die in den Tabellen 8 und 9 für die Schalldämmung der Bauteile angegebenen Grenzwerte gelten für die resultierende Dämmung aller an der Schallübertragung beteiligten Bauteile und Nebenwege im eingebauten Zustand.

Wichtiger Hinweis: Gegen viele der Anforderungen richten sich noch Einsprüche. Betroffen sind insbesondere diejenigen Bauteile, insbesondere Treppen und Türen, für die bisher keine Anforderungen zu erfüllen waren. Auch die gegenüber der früheren Normausgabe 1962/63 erhöhten Anforderungen an die Luftschalldämmung von Wohnungstrennwänden sind noch umstritten.

Tabelle 9: Luft- und Trittschalldämmung von Bauteilen zum Schutz gegen Schallübertragung aus dem eigenen Wohn- oder Arbeitsbereich nach DIN 4109 in der Fassung des Entwurfes 1979 von DIN 4109 Teil 2

Spalte	a	b	c	d	e
		Richtwerte		Vorschläge für einen erhöhten Schallschutz	
Zeile	Bauteile	$R'_w{}^1)$ (LSM) dB	TSM dB	$R'_w{}^1)$ (LSM) dB	TSM dB
1 Wohngebäude					
1	Decken zwischen Aufenthaltsräumen in Einfamilienhäusern	52 (0)	7²)	≧ 55 (≧ 3)	≧ 17²)
2	Treppen, Treppenpodeste und Fußböden von Fluren in Einfamilienhäusern	– (–)	7³)	– (–)	≧ 17³)
3	Wände ohne Türen zwischen Räumen unterschiedlicher Nutzung, z. B. zwischen Wohnzimmer und Kinderschlafzimmer	42 (–10)	–	≧ 47 (≧ –5)	–

2 Büro- und Verwaltungsgebäude

	Decken, Treppen und Treppenraumwände	Hierfür gelten die Werte der Tabelle 1, Zeilen 2, 7 und 9 entsprechend als Richtwerte bzw. Vorschläge für einen erhöhten Schallschutz			
4					
5	Wände⁴) zwischen Räumen mit üblicher Bürotätigkeit	37 (−15)	—	$\geqq 42\ (\geqq -10)$	—
6	Wände⁴) zwischen Fluren und Räumen nach Zeile 5	37 (−15)	—	$\geqq 42\ (\geqq -10)$	—
7	Wände⁴) von Räumen für konzentrierte geistige Tätigkeit oder zur Behandlung vertraulicher Angelegenheiten, z. B. zwischen Direktions- und Vorzimmer	47 (−5)	—	$\geqq 52\ (\geqq 0)$	—
8	Wände⁴) zwischen Fluren und Räumen nach Zeile 7	47 (−5)	—	$\geqq 52\ (\geqq 0)$	—
9	Türen⁵) in Wänden nach Zeile 5 und 6	27 (−25)	—	$\geqq 32\ (\geqq -20)$	—
10	Türen⁵) in Wänden nach Zeile 7 und 8	32 (−20)	—	$\geqq 42\ (\geqq -10)$	—

¹) Siehe Tabelle 8 Fußnote 1.
²) Bei Decken zwischen Fluren, Wasch- u. Aborträumen als Schutz nur gegen Trittschallübertragung in Aufenthaltsräume.
³) Nur wegen der waagerechten und schrägen Trittschallübertragung in Aufenthaltsräume.
⁴) Siehe Tabelle 8 Fußnote 8.
⁵) Siehe Tabelle 8 Fußnote 9.

Bedenkt man, daß R_w wenigstens für Standardfälle näherungsweise mit der Pegeldifferenz zwischen lautem und leisem Raum übereinstimmt, so ergibt sich aus dem Niveau der Luftschallmindestanforderung zwischen fremden Räumen, daß z. B. laute Sprache und Musik ($\leqslant 80$ dB (A) nach Tabelle 2) beim Nachbarn bis auf $\leqslant 25$ dB (A) gedämmt wird. Dieser Wert liegt unterhalb der dort tagsüber gegebenen üblichen Wohngeräusche bzw. des durch die Fenster dringenden Verkehrslärms. Die Geräusche von Nachbarn sind damit unhörbar. Der Grundgeräuschpegel in einer Wohnung mit geschlossenen Fenstern sinkt jedoch nachts auf unter 25 dB (A), so daß laute Sprache/Musik beim Nachbarn hörbar wird und je nach Informationsgehalt auch als Belästigung empfunden wird. Steigt der Geräuschpegel jedoch bei Benutzung von Stereoanlagen auf 90 oder gar 100 dB (A), was nicht ungewöhnlich ist, so ergibt sich beim Nachbarn ein Restschallpegel von bis zu 45 dB (A), der in ruhiger Umgebung den Nachbarn schon an konzentrierter geistiger Arbeit hindern könnte. Abends und nachts ist ein solcher Schallpegel für den Nachbarn wohl in jedem Fall unzumutbar.

Diese Betrachtung beleuchtet noch einmal eindringlich den Charakter der Anforderungen als Mindestwerte. Die Anforderungen an den Luftschallschutz nach den technischen Baubestimmungen erfordern immer noch ein hohes Maß an gegenseitiger Rücksichtnahme der Nachbarn untereinander; dies gilt vor allem nachts.

Eine nicht so klare Aussage über die Restschallpegel beim Nachbarn ist für die Trittschallanregung möglich. Zwar läßt sich ausrechnen, daß das für die Prüfung benutzte Hammerwerk bei einer Decke mit $TSM = 10$ dB noch einen Schallpegel von ungefähr 60 dB (A) erzeugt, jedoch ist bekannt, daß dieses Hammerwerk im Vergleich zu üblichen Gehgeräuschen erheblich lauter ist. Gehgeräusche sind in der Regel vor allem dumpfer als die des Normhammerwerkes.

Man kann hier nur von allgemeinen Erfahrungen ausgehen: Durch eine Decke mit $TSM = 0$ dB ist jedes Gehen auf der Decke beim Nachbarn noch gut zu hören. Will man vermeiden, durch Gehgeräusche gestört zu werden, sind

$$15 \leqq TSM < 25 \text{ dB}$$

erforderlich.

Vergleicht man diese Zahlen mit den Mindestanforderungen der DIN 4109 Teil 2, so erkennt man auch hier, wie sehr die gegenseitige Rücksichtnahme in Geschoßbauten erforderlich ist.

Die Frage, warum die gesetzlichen Anforderungen nicht höher als angegeben festgesetzt wurden, ist mit Blick auf den Abschnitt 3 leicht zu beantworten: Das Anforderungsniveau stellt einen unter wirtschaftlichen und technischen Gesichtspunkten vertretbaren Kompromiß zwischen den Wünschen der Verbraucher, also Mietern, Hauseigentümern, auch Arbeitnehmern und dem nach dem Stand der Technik Realisierbaren dar. Dabei werden die Wünsche auf die notwendigen Bedürfnisse zurückgestutzt und Planer und Bauausführende zu besonders sorgfältiger Arbeit gezwungen.

Ohne Zweifel gibt es einige Bauarten, die ohne besonderen Aufwand ein Schallschutzniveau erreichen, das anderen Bauarten fast unerreichbar ist. Normen als Festschreibung des Standes der Technik sollen − soweit möglich − wettbewerbsneutral sein. Im Zuge von Neubearbeitungen von Normen sollen Anforderungsniveaus nicht so stark verschärft werden, daß bisher gebräuchliche Bauarten vom Markt ausgeschlossen werden. Als Beispiel kann die Entwicklung der Anforderungen an den Trittschallschutz angeführt werden. Es ist unstrittig, daß ein TSM = 0 dB, welches in der Ausgabe von 1962 als Mindestanforderung z. B. von Wohnungstrenndecken angegeben war, völlig unbefriedigend war. Trotzdem gab es klassische Bauarten − wie z. B. die bisherigen, klassischen Holzbalkendecken −, die dieses Niveau nur mühsam erreichen konnten. Mit der Weiterentwicklung des Standes der Technik konnten auch für diese Bauart wirtschaftliche Lösungen gefunden werden, so daß es heute generell möglich ist, das Anforderungsniveau wettbewerbsneutral auf TSM = 10 dB anzuheben.

Im Falle des Schallschutzes gegenüber Lärm aus haustechnischen Anlagen kann der Restpegel in fremden Aufenthaltsräumen nur unvollkommen aus der Luft- und Trittschalldämmung vorhergesagt werden, weil der Lärm an der Quelle nicht allgemeingültig festgelegt werden kann. Trotzdem nennt DIN 4109 Teil 5 auch Anforderungen zur Luft- und Trittschalldämmung von Bauteilen zwischen Räumen haustechnischer Anlagen oder anderen „lauten Räumen" und Aufenthaltsräumen, die hier in Tabelle 10 wiedergegeben sind.

Für die in Tabelle 10, Zeile 1 und 2 genannten Räume können über die dort angegebenen Mindestwerte hinausgehende Dämm-Maßnahmen erforderlich werden, um die zulässigen Restschallpegel (s. Abschnitt 2.2.3) einhalten zu können, z. B. bei größeren Heizungsanlagen (auch Wärmepumpen). Die Mindestwerte der Tabelle 10 Zeile 1 brauchen nicht eingehalten zu werden, wenn der Nachweis erbracht wird, daß der zulässige Restschallpegel auf andere Weise eingehalten wird, z. B. bei der Luftschalldämmung durch eine Kapselung des Geräuscherzeugers und bei der Trittschalldämmung durch eine geeignete Körperschallisolierung.

Tabelle 10: Mindestwerte[1]) für die Luft- und Trittschalldämmung von Bauteilen zwischen Räumen haustechnischer Anlagen bzw. Räumen von Betrieben („laute Räume" und baulich mit diesen verbundenen Aufenthaltsräumen nach DIN 4109 in der Fassung des Entwurfes 1979 von DIN 4109 Teil 5

Spalte	a	b	c
Zeile	„Laute Räume", Bauteile	bewertetes Schalldämmaß (Luftschallschutzmaß) R'_w dB (LSM)	Trittschallschutzmaß[2]) TSM dB
1	Räume für Anlagen zur Heizung, Lüftung, Klimatisierung und sonstige haustechnische Anlagen (z. B. Druckerhöhungsanlagen)		
1.1	Decken, Wände	57 (5)	–
1.2	Fußböden der „lauten Räume"	–	20
2	Handwerks-, Gewerbe- und ähnliche Betriebe, Küchen in Beherbergungsstätten, Krankenanstalten und Wohnheimen		
2.1	Decken, Wände	57 (5)	–
2.2	Fußböden der „lauten Räume"	–	20
3	Speisegaststätten, Cafés, Imbißstuben, nur bis 22.00 Uhr in Betrieb		
3.1	Decken, Wände	57 (10)	–

3.2	Fußböden der „lauten Räume"	—		20
4	Gaststätten ohne oder mit elektro-akustischen Anlagen geringer Leistung (maximaler Schallpegel 90 dB (A), auch nach 22.00 Uhr in Betrieb			
4.1	Decken, Wände	62	(10)	—
4.2	Fußböden der „lauten Räume"	—		25
5	Kegelbahnen			
5.1	Decken, Wände	67	(15)	—
5.2	a) Keglerstube b) Bahn	— —		30 50
6	Gaststätten mit elektro-akustischen Anlagen großer Leistung, z. B. Tanzlokale mit Musikkapellen, Diskotheken, Lichtspieltheater, Varietés			
6.1	Decken, Wände	72	(20)	—
6.2	Fußböden der „lauten Räume"	—		35

[1]) Bezogen auf den im Bauwerk eingebauten Zustand des Bauteils, einschließlich der Schallnebenwegübertragung.

[2]) Jeweils in Richtung der Lärmausbreitung.

2.2.2 Luftschalldämmung gegen Außenlärm

Anforderungen an den Schallschutz gegen den Außenlärm werden allgemeingültig in DIN 4109 Teil 6 genannt. In der bis zur Neuausgabe gültigen Normfassung aus dem Jahre 1962 gab es für diesen Bereich keine Anforderungen. Mit Ausgabedatum September 1975 stellte die Arbeitsgruppe ETB des Normenausschusses Bauwesen im DIN „Richtlinien für bauliche Maßnahmen zum Schutz gegen Außenlärm" als Ergänzende Bestimmungen zu DIN 4109 auf, die den Inhalt von DIN 4109 Teil 6 vorwegnahmen, aber von den Bauaufsichtsbehörden nicht als technische Baubestimmung eingeführt wurden. Sie mußten nur in bestimmten Bereichen öffentlich geförderter Bauten beachtet werden.

Auf die grundsätzlichen Probleme einer bauaufsichtlichen Einführung war bereits hingewiesen worden. Der Leser muß für konkrete Fälle sich nach dem aktuellen Stand der Vorschriften erkundigen.

Für den im Innern eines Gebäudes erzeugten Schallpegel durch Sprache, Musik, bewegliche und unbewegliche Geräte usw. gibt es allgemeine Erfahrungen, die auf alle Gebäude, unabhängig vom jeweiligen Standort, übertragbar sind. Der Außenlärmpegel wird dagegen überwiegend durch den Standort des Gebäudes bestimmt, z. B. an einer Hauptverkehrsstraße, in einer Wohnsiedlung im Grünen oder nahe einer Industrieanlage.

Die baulichen Mindestmaßnahmen zur Abwehr des Außenlärms müssen daher dem vor dem Gebäude auftretenden Schallpegel folgen.

Für die Beurteilung des vor dem Gebäude auftretenden bzw. zu erwartenden Außenlärms sind für die verschiedenen Lärmarten die sog. maßgeblichen Außenlärmpegel zugrunde zu legen.

Die Vorschriften zur Ermittlung des maßgeblichen Aufenlärmpegels sind in Anhang A von DIN 4109 Teil 6 genannt. Der maßgebliche Außenlärm entspricht dabei in vielen Fällen dem Mittelungspegel L_m nach DIN 45 641 [36] (s. auch Gleichung 10), wobei zusätzliche Festlegungen über die Berücksichtigung von Schallpegelspitzen oder hinsichtlich der zu wählenden Meßzeiten beachtet werden müssen.

Je nach maßgeblichen Außenlärmpegel werden die Gebäudestandorte in Lärmpegelbereiche gemäß Tabelle 11 eingeordnet; dabei darf die der maßgeblichen Lärmquelle abgewandte Gebäudeseite ohne besonderen Nachweis einen Lärmpegelbereich, bei Innenhöfen um zwei Lärmpegelbereiche niedriger eingestuft werden.

Für Außenbauteile (Wand, Fenster) von Aufenthaltsräumen sind in den verschiedenen Lärmpegelbereichen – unter Berücksichtigung der unterschiedlichen Raumarten bzw. Raumnutzungen – die in Tabelle

Tabelle 11: Lärmpegelbereiche

Lärmpegelbereiche	0	I	II	III	IV	V
Maßgebliche Außenlärmpegel in dB (A)	≤ 50	51 bis 55	56 bis 60	61 bis 65	66 bis 70	> 70

12 aufgeführten Mindestwerte der Luftschalldämmung einzuhalten. Für Decken und Dächer gilt — soweit erforderlich — Tabelle 12 (s. Seite 64) sinngemäß. Dabei dürfen generell Außenwände, Decken und Dächer ein Schalldämm-Maß von 35 dB und Fenster ein Schalldämm-Maß von 30 dB nicht unterschreiten.

Bauliche Maßnahmen an Außenwänden und Fenstern zum Schutz gegen Außenlärm sind nur voll wirksam, wenn die Fenster bei der Lärmeinwirkung geschlossen bleiben. Dies ist eigentlich eine Binsenweisheit; sie erinnert aber den Planer daran, daß zusätzliche bauliche Maßnahmen ergriffen werden müssen, um den aus hygienischen Gründen erforderlichen Luftwechsel im Gebäude sicherzustellen. Besondere Maßnahmen sind notwendig, wenn im Gebäude offene Feuerstätten (offener Kamin, Gasherde usw.) betrieben werden sollen.

2.2.3 Schutz vor Geräuschen aus haustechnischen Anlagen

In DIN 4109 Teil 5 werden Anforderungen gestellt an den Schallschutz von Aufenthaltsräumen gegenüber Geräuschen aus haustechnischen Anlagen und Betrieben, die baulich mit den Aufenthaltsräumen verbunden sind. Der Begriff des Aufenthaltsraumes wird ähnlich weit gefaßt, wie in DIN 4109 Teil 2 (s. Seite 48). Lediglich werden Wasch- und Aborträume, Koch- und Teeküchen, Flure und ähnliche Räume nicht zu den Aufenthaltsräumen gezählt.

Als haustechnische Anlagen im Sinne dieser Norm gelten die zu einem Gebäude gehörenden technischen Einrichtungen, bei deren Betrieb Schall entstehen und in Aufenthaltsräume übertragen werden kann. Dazu gehören z. B.:

— Wasser- und Abwasseranlagen einschließlich Druckerhöhungsanlagen
— Anlagen zur Energieversorgung, wie elektrische Anlagen einschließlich Notstromaggregate

Tabelle 12: Mindestwerte der Luftschalldämmung von Außenbauteilen (Wand, Fenster, erforderlichenfalls Dach)

Spalte	1	2	3	4	5	6	7
Zeile	Lärmpegelbereich — Maßgeblicher Außenlärmpegel in dB (A) nach Tabelle 1	Raumarten — Bewertetes Schalldämm-Maß R'_W (für Außenwände) bzw. R_W (für Fenster) in dB					
		Bettenräume in Krankenanstalten und Sanatorien		Aufenthaltsräume in Wohnungen, Übernachtungsräume in Beherbergungsstätten, Unterrichtsräume[1] u. a.		Büroräume u. ä.[1]	
		Außenwand	Fenster	Außenwand	Fenster	Außenwand	Fenster
1	II — 56 bis 60	40	35	–	–	–	–
2	III — 61 bis 65	45	40	40	35	–	–
3	IV — 66 bis 70	50	45	45	40	35	35
4	V — 71 bis 75	55	50	50	45	40	40
5	VI — 76 bis 80	2)	2)	55	50	45	45
6	VII — > 80	2)	2)	2)	2)	50	50

[1]) In Einzelfällen kann es wegen der unterschiedlichen Raumgrößen, Tätigkeiten und Innenraumpegel bei bestimmten Unterrichtsräumen (z. B. Werkräume) und bei Büroräumen zweckmäßig oder notwendig sein, die Schalldämmung der Außenwände und Fenster gesondert festzulegen.

[2]) Die Mindestwerte sind hier auf Grund der örtlichen Gegebenheiten im Einzelfall festzulegen.

- Anlagen zur Heizung, Lüftung oder Klimatisierung von Gebäuden
- Aufzüge
- Gemeinschaftswaschanlagen
- ortsfeste Kücheneinrichtungen in Beherbergungsstätten, Krankenanstalten, Wohnheimen u. a.
- Müllbeseitigungsanlagen
- ortsfeste Schwimm- und Sportanlagen,

nicht dagegen ortsveränderliche Haushaltsgeräte, z. B. Staubsauger,
Wasch- und Küchenmaschinen.

Als Betriebe im Sinne der Norm gelten z. B.

- Handwerks- und Gewerbebetriebe
- Gaststätten
- Vergnügungslokale
- Lichtspieltheater, Varietés.

Die zur Kennzeichnung der Anforderungen verwendete Einzahlangabe
ist hier der maximal in den Aufenthaltsräumen zulässige Schallpegel,
gemessen in dB (A). Es ist damit allein das Schutzziel vorgegeben
und dabei offengelassen, ob man das Ziel durch dämmende Bauteile
— also konstruktiv —, durch Grunrißgestaltung — also planerisch —
oder durch Maßnahmen an den Schallquellen selbst — also apparativ —
erreicht.

Die in Tabelle 10 im Abschnitt 2.2.1 genannten Werte der Luft- und
Trittschalldämmung zwischen „lauten" und „leisen" Räumen sind
daher ihrem Charakter nach eher Hinweise an den Planer. Wichtiger
ist die Unterschreitung des als Höchstwert zu verstehenden Schallpegels in Aufenthaltsräumen gemäß Tabelle 13.

Die genannten Anforderungen stellen Mindestanforderungen dar.
Wenn z. B. vom Bauherrn besondere, erhöhte Anforderungen an
den Schallschutz gestellt werden, müssen diese gesondert verein-
bart und zahlenmäßig festgelegt werden. Dafür wird vorgeschlagen,
Werte zu verwenden, die um 5 dB (A) gegenüber Tabelle 13 verringert sind. Im Einzelfall sollte vorher geklärt werden, ob derartige
erhöhte Anforderungen wegen sonstiger vorliegender Störgeräusche
sinnvoll und ob sie technisch realisierbar sind. Meist werden erhöhte
Anforderungen einen erhöhten Aufwand bedingen.

Die Anforderungen gemäß Tabelle 13 gelten nicht für haustechnische
Anlagen des eigenen Wohn- und Arbeitsbereiches, mit Ausnahme der
selbsttätig schaltenden oder für lange Betriebszeiten bestimmten haustechnischen Anlagen, z. B. Etagenheizungen oder Lüftungsanlagen
für innenliegende Bäder. Wenn Etagenheizungen in Wohndielen und
Wohnküchen aufgestellt sind, gelten diese Anforderungen nicht für
diese Räume. Zum Schutz der anderen Aufenthaltsräume sind gege-
benenfalls Türen mit erhöhter Schalldämmung zu verwenden.

Tabelle 13: Höchstwerte[1]) für die zulässigen Schallpegel in Aufenthaltsräumen von Geräuschen aus haustechnischen Anlagen und Betrieben, nach DIN 4109 in der Fassung des Entwurfes 1979 von DIN 4109 Teil 5

Spalte		a	b	c
		Art der Anlage	Art der Aufenthaltsräume	
			Wohn- und Schlafräume, Übernachtungsräume in Beherbergungsstätten, Bettenräume in Krankenanstalten u. ä.	Unterrichtsräume und Arbeitsräume
Zeile			Schallpegel in dB (A)	
1	1.1	Armaturen und Geräte der Wasserinstallation	30[2])	35[5])
	1.2	Wasserein- und -ablauf	30	
2		Anlagen zur Heizung, Lüftung, Klimatisierung und sonstige haustechnische Anlagen (z. B. Druckerhöhungsanlagen)[3])	30[4])[5])	
3		Maschinen und Einrichtungen in Betrieben	25[6])	

[1]) Wegen erhöhter Anforderungen siehe Text.
[2]) Dieser Wert gilt bei den in DIN 52 218 Teil 1 genannten kennzeichnenden Fließdrücken bzw. Durchflüssen; er darf bei einem Fließdruck von 5 bar um bis zu 5 dB (A) überschritten werden. Bei Fließdrücken zwischen 3 und 5 bar ist linear zu interpolieren.
[3]) Gültig auch für derartige Anlagen im eigenen Wohnbereich, jedoch bei Etagenheizungen nur für Wohn- und Schlafräume.
[4]) In der Zeit von 7.00 bis 22.00 Uhr darf dieser Wert um bis zu 5 dB (A) überschritten werden.
[5]) Bei Geräuschen aus Lüftungsanlagen sind um 5 dB (A) höhere Werte zulässig, sofern es sich um Dauergeräusche ohne auffällige Einzeltöne handelt. In diesem Fall darf der Zuschlag nach Fußnote 4 nicht zusätzlich berücksichtigt werden.
[6]) In der Zeit von 7.00 bis 22.00 Uhr darf dieser Wert um bis zu 10 dB (A) überschritten werden.

66

Eine besondere Regelung wurde bei den Armaturen und Geräten der Wasserinstallation eingeführt. In diesem Bereich wäre sicher der Bauplaner überfordert, sollte er den Nachweis gemäß Zeile 1.1 von Tabelle 13 selbständig führen. Derartige Armaturen können darüber hinaus vom Eigentümer der Wohnung leicht ausgetauscht werden. So ist es eine Vereinfachung, wenn man die Armaturen selbst entsprechend ihrem Geräuschverhalten kennzeichnet und dem Kennzeichen einen bestimmten Einsatzbereich zuordnen. So verlagert sich ein Teil der Verantwortung für den ausreichenden Schallschutz auf den Hersteller der Armaturen. Das angedeutete Kennzeichen wird — wegen der baurechtlichen Bedeutung — vom Institut für Bautechnik, Berlin, also einer von den Bundesländern zur Wahrnehmung des Zulassungswesens gebildeten Verwaltungsbehörde, durch Prüfbescheid erteilt.

Der Prüfzeichenpflicht unterliegen folgende Armaturen und Geräte der Wasserinstallation:

- Auslaufarmaturen, auch Brausen und Strahlregler
- Durchgangsarmaturen, z. B. Absperrventile, Rückflußverhinderer Eckventile
- Drosselarmaturen, z. B. Vordrosseln
- Druckminderer
- Druckspüler
- Spülkästen
- Geräte zum Bereiten von warmem und heißem Wasser

Die einzelnen Armaturen und Geräte müssen mit dem Prüfzeichen gekennzeichnet sein.

Im einzelnen sieht nun DIN 4109 Teil 5 folgendes vor:

a) Armaturen werden nach ihrem Armaturengeräuschpegel, gemessen nach DIN 52 218 Teil 1 und Teil 2 [51, 52] gemäß Tabelle 14 in die Armaturengruppen I oder II eingestuft und entsprechend gekennzeichnet.

b) Die nach Tabelle 14 eingestuften Armaturen sind entsprechend ihrer Armaturengruppe den Grundrißanordnungen I (ungünstig) und II (günstig) gemäß Tabelle 15 zugeordnet. Es wird beim Einbau einer Armatur in einem Raum entsprechender Grundrißanordnung ohne Nachweis unterstellt, daß dann die bauaufsichtlichen Anforderungen im nächstgelegenen fremden Aufenthaltsraum erfüllt sind.

Die Grundrißanordnung I (bauakustisch ungünstig) liegt vor, wenn Armaturen, Geräte oder Rohrleitungen an Wänden befestigt sind, die einen Aufenthaltsraum begrenzen. Die Grundrißanordnung II (bauakustisch günstig) liegt vor, wenn Armaturen und Geräte nicht an Wänden befestigt sind, die einen Aufenthaltsraum begrenzen.

Tabelle 14: Einstufung der Armaturen und ihre Kennzeichnung

Spalte	a		b
Zeile	Armaturengeräuschpegel L_{AG} für den kennzeichnenden Fließdruck bzw. Durchfluß nach DIN 52 218 Teil 1		Armaturengruppe und Kennzeichnung der Armaturen
	Armaturen und Geräte, allgemein	Strahlregler	
1	≤ 20 dB (A)[1]	≤ 15 dB (A)[1]	I
2	≤ 30 dB (A)[1]	≤ 25 dB (A)[1]	II

[1] Dieser Wert darf bei den in DIN 52 218 Teil 1 für die einzelnen Armaturen genannten oberen Grenzen der Fließdrücke bzw. Durchflüsse um bis zu 5 dB (A) überschritten werden.

Beispiele für die Grundrißanordnung I und II bei Geschoßwohnungen zeigen die Abb. 15 und 16. Abb. 17 zeigt ein Beispiel für eine Grundrißanordnung, die bauakustisch zwischen den Anordnungen I und II liegt. Solchen Grundrissen sind Armaturen der Armaturengruppe I zuzuordnen.

Tabelle 15: Zuordnung der Armaturengruppen zu den Grundrißanordnungen

Spalte	a	b	c
Zeile	Grundrißanordnung	angestrebter Armaturengeräuschpegel L'_{AG} nach DIN 52 219 in Aufenthaltsräumen dB (A)	erforderliche Armaturengruppe
1	I (bauakustisch ungünstig	≤ 30[1])	I
2	II (bauakustisch günstig		II
3	II (bauakustisch günstig)	≤ 25[1])	I

[1] Dieser Wert gilt für Fließdrücke und Durchflüsse, die nicht größer als die Werte des kennzeichnenden Fließdruckes bzw. Durchflusses nach DIN 52 218 Teil 1 sind. Bei höheren Drücken oder Durchflüssen kann dieser Wert um bis zu 5 dB (A) höher sein. Bei Fließdrücken zwischen 3 und 5 bar ist linear zu interpolieren.

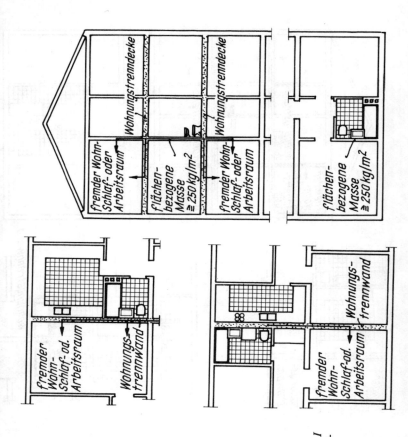

Abb. 15
Beispiele für die Grundrißanordnung I im Wohnungsbau, die die (leisere) Armaturengruppe I erfordern. Kennzeichen: Armatur oder Rohrleitung an Wänden, die die einen (fremden) Wohn-, Schlaf- oder Arbeitsraum begrenzen.

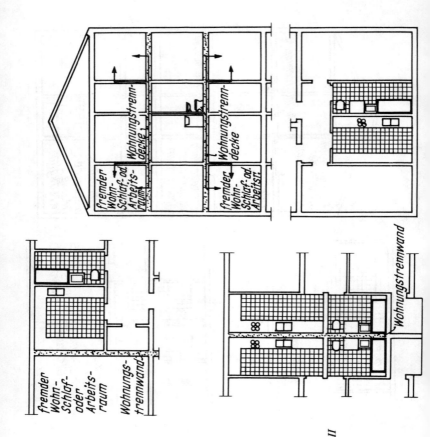

Abb. 16
Beispiele für die Grundrißanordnung II im Wohnungsbau, für die auch die (lauteren) Armaturen der Gruppe II ausreichend sind. Kennzeichen: Armatur und Rohrleitung nicht an Wänden, die einen (fremden) Wohn-, Schlaf- oder Arbeitsraum begrenzen.

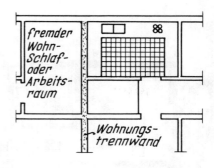

Abb. 17
Starke Armaturengeräuschübertragung über ein flankierendes Bauteil: Armatur oder Rohrleitung in der Nähe der Wohnungstrennwand. Es sind Armaturen der Gruppe I erforderlich.

Abb. 18
Wirksame Unterdrückung der Armaturengeräuschausbreitung durch eine zweischalige Wohnungstrennwand mit durchgehender Gebäudetrennfuge. Es reichen Armaturen der Gruppe II aus.

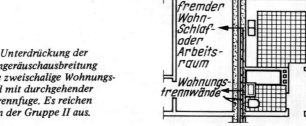

Bei Gebäuden mit zweischaligen Wohnungstrennwänden mit durchgehender Gebäudetrennfuge, s. Abb. 18, können — hinsichtlich der Geräuschübertragung in fremde Aufenthaltsräume des Nachbargebäudes — auch bei Grundrißanordnung I Armaturen und Geräte der Armaturengruppe II verwendet werden, wenn durch die Wohnungstrennwände keine Trinkwasserleitungen führen.

2.3 Beispiel: Schallschutzanforderungen im Wohnungsbau

Zur Vertiefung und Konkretisierung der Ausführungen im Abschnitt 2.2 über die Anforderungen an den baulichen Schallschutz im Hochbau wird ein Beispiel dargestellt. Abb. 19 zeigt den Grundriß des Obergeschosses einer kleinen Wohnanlage, Abb. 20 den Schnitt durch den Geschoßbau an der in Abb. 19 eingezeichneten Stelle.

Man erkennt rechts im Abb. 19 in Verbindung mit Abb. 20 einen Geschoßbau mit drei übereinanderliegenden Wohnungen, Keller und nicht nutzbaren Dachraum. Links daneben schließt sich eine Reihe

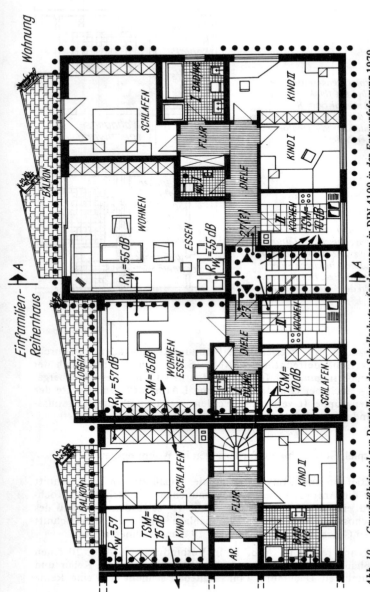

Abb. 19 Grundrißbeispiel zur Darstellung der Schallschutzanforderungen in DIN 4109 in der Entwurfsfassung 1979. Die betroffenen Bauteile sind durch Punktreihen gekennzeichnet. Eingetragen sind die Anforderungen an das bewertete Schalldämm-Maß R'w, das Trittschallschutzmaß TSM (wegen der horizontalen Übertragung in fremde Wohnräume) und die Grundrißanordnung zur Festlegung der erforderlichen Armaturengruppe. Die Schalldämmung der Außenbauteile hängt vom Standort des Gebäudes ab, daher keine Angaben.

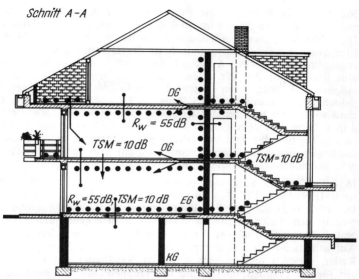

Abb. 20   Schnitt durch das in Abb. 19 rechts angegebene Wohnhaus zur Darstellung weiterer Schallschutzanforderungen der DIN 4109.

von Einfamilienreihenhäusern an, von denen nur das erste im Grundriß dargestellt ist.

Durch Punktreihen sind zunächst diejenigen Bauteile gekennzeichnet, an die Anforderungen hinsichtlich der Luftschalldämmung gestellt werden. Die Angabe von Richtungspfeilen ist hier unnötig, da die Luftschalldämmung eines Bauteils fast ohne Ausnahmen in beiden Übertragungsrichtungen gleich ist. Die jeweiligen Mindestwerte nach DIN 4109 Teil 2 sind für das bewertete Luftschalldämm-Maß R_w eingezeichnet. Die Angaben fehlen lediglich bei den Außenbauteilen, da hier R_w nach DIN 4109 Teil 6 vom jeweiligen Standort des Gebäudes im Einzelfall abhängt. Man erkennt die höchste Anforderung bei der Trennwand der aneinander gereihten Häuser. Keine Anforderungen werden gestellt an die Außenbauteile von Treppenräumen, Bädern, Kochküchen, die sie keine Aufenthaltsräume im Sinne von DIN 4109 Teil 6 sind.

Natürlich gibt es auch keine (gesetzlichen) Anforderungen an die Schalldämmung der Bauteile innerhalb einer Wohnung oder innerhalb eines Einfamilienhauses. (Es konnte daher auf die Wiedergabe eines Schnitts durch das in Abb. 19 links erkennbare Reihenhaus verzichtet werden.)

Nicht ganz eindeutig ist die Einordnung der Wohnungsabschlußtür zwischen dem Treppenraum und der rechten, größeren Wohnung. Diese Tür führt zwar eindeutig in einen Raum, der ausschließlich als Flur genutzt werden kann, jedoch ist der Durchgang in den Wohnraum unverschließbar. Aufgrund der baulichen Gegebenheiten ist eine Einordnung der Tür in Zeile 12 nach Tabelle 8 ($R_W \geqq 27$ dB) möglich, die akustischen Gegebenheiten in der Wohnung legen hier jedoch eine Einordnung nach Zeile 11 ($R_W \geqq 42$ dB) nahe. Hier muß wohl dem Besitzer der Wohnung geraten werden, wenn er sich durch Lärm aus dem Treppenhaus gestört fühlt oder den Lauscher an der Tür fürchtet, eine zusätzliche Wohnzimmertür einzubauen, die dann gemeinsam mit der Wohnungsabschlußtür im Bedarfsfall für eine ausreichende Schalldämmung sorgt.

In Abb. 20 sind auch die Anforderungen an den Trittschallschutz nach DIN 4109 Teil 2 − ausgedrückt durch *TSM* − eingezeichnet. Der Pfeil zeigt die jeweilige Beurteilungsrichtung vom Hammerwerk weg in den Aufenthaltsraum hinein an. Man erkennt die Besonderheiten wegen der Fußnote 6 in Tabelle 8: Der nächstgelegene fremde Aufenthaltsraum bei Übertragung über die Kellerdecke liegt nicht im Keller, sondern im Erdgeschoß in der Nachbarwohnung. Ähnliches gilt für die Treppenpodeste und die Treppenläufe. Die Besonderheit der Fußnote 6 konnte in Abb. 20 nur durch liegende Pfeile angedeutet werden.

Die Trittschallanforderungen bei den aneinandergereihten Häusern sind in Abb. 19 eingezeichnet. Die horizontale Trittschallübertragung von der Geschoßdecke in das jeweilige Nachbarhaus über die Haustrennwand hinweg wird im Falle von Bädern nur in einer Richtung beurteilt. Abgeminderte Anforderungen ergeben sich für die Übertragung von der Treppe her in das Nachbarhaus.

Die in den Küchen und Sanitärräumen zu verwendenden Installationen und Geräte der Wasserinstallation sind gemäß DIN 4109 Teil 5 durch die Kurzzeichen I (leise) bzw. II (lauter) beschrieben. Die beiden Küchen gehören gemäß Abb. 16 zur günstigeren Grundrißanordnung II und vertragen daher die lauteren Armaturen. Das Bad im Einfamilienreihenhaus ist nach Bild 18 zu beurteilen, fällt damit ebenfalls unter II.

Das innenliegende Bad der kleineren Wohnung liegt zwar auch an einer Haustrennwand. Hier befinden sich jedoch an der gleichen Wand darunter und darüber *fremde* Wohnräume. Dies ergibt die weitergehende Anforderung I. Die Einordnung der beiden Sanitärräume in der größeren Wohnung folgt aus Abb. 15 c.

Ein „lauter Raum" (Heizung) im Sinne von DIN 4109 Teil 5 befindet sich im Keller unter der Küche der größeren Wohnung, kenntlich in Abb. 19 am Schornstein. Da diese Küche kein Wohnraum ist, brauchen von deren Decke zwischen Keller und Erdgeschoß nicht die höheren Anforderungen nach Tabelle 10, Zeile 1.1 erfüllt zu werden. Der nächstgelegene Aufenthaltsraum ist der mit Kind I bezeichnete Raum im Erdgeschoß. Für diesen Raum dürften die Anforderungen hinsichtlich des höchstens zulässigen Schallpegels (Tabelle 13) unterschritten werden, wenn die Kellerdecke lediglich die Mindestanforderungen nach Tabelle 8 erfüllt.

2.4 Nachweis des ausreichenden Mindestschallschutzes

Die Errichtung, die Änderung und die Nutzungsänderung baulicher Anlagen sind genehmigungspflichtig. Nur in besonders genannten Fällen reicht eine Anzeige aus oder wird auf ein Genehmigungsverfahren ganz verzichtet (s. §§ 80 ff. der Bauordnung NW). Die Baugenehmigung wird mit dem Bauantrag bei der Gemeinde beantragt.

Mit dem Bauantrag sind alle Unterlagen einzureichen, damit geprüft werden kann, ob alle Anforderungen der Landesbauordnung erfüllt sind. Hierzu gehören auch die Nachweise über die Einhaltung eines ausreichenden Schallschutzes. Die Art und Weise des Schallschutznachweises ergibt sich zunächst aus dem Einführungserlaß der technischen Baubestimmung DIN 4109 und damit schließlich unmittelbar aus dem Text der Norm.

Auch wenn der Einführungserlaß der Neuausgabe noch nicht abzusehen ist, kann doch aufgrund der bisherigen Regelungen für die Normausgabe 1962/63 und analog zu Regelungen in anderen bautechnischen Bereichen folgendes gesagt werden:

Die zur Beurteilung des Schallschutzes notwendigen Angaben können unmittelbar in die Bauzeichnungen eingetragen werden oder in einer besonderen Zusammenstellung enthalten sein.

Besonders einfach gestaltet sich der Nachweis des Luft- und Trittschallschutzes, wenn die Konstruktionen den Ausführungsbeispielen in DIN 4109 Teil 3 (später ggf. auch den Teilen 7 und 8) entsprechen. Diese Norm ist ja selbst technische Baubestimmung, also eine aufgrund der Bauordnung erlassene Vorschrift. Wird nach dieser Norm gebaut, so wird vermutet, daß den Anforderungen der Bauordnung entsprochen wird.

Für Außenbauteile kann der Luftschallschutz zunächst mit den Ausführungsbeispielen nach DIN 4109 Teil 6 nachgewiesen werden.

In den Fällen, in denen Bauteile oder Bauarten verwendet werden sollen, die noch nicht so gebräuchlich und bewährt sind, daß sie Eingang in die Norm gefunden haben, ist der Nachweis mit Hilfe von Zeugnissen anerkannter Prüfstellen zu führen. Einzelheiten hierzu sind in DIN 4109 Teil 2 festgelegt: Die Eignung ist danach prinzipiell durch eine Eignungsprüfung an Bauteilprototypen festzustellen. Derartige Messungen werden dabei nicht allein an Labormustern ausgeführt, sondern erstrecken sich auch auf Bauteile, die in Bauwerken für eine gewisse Zeit in Gebrauch waren. Dadurch werden praxisübliche Einbausituationen und ggf. Alterungseinflüsse mit erfaßt.

Die Einhaltung der Höchstwerte für den zulässigen Schallpegel in Aufenthaltsräumen wird nach DIN 4109 Teil 5 nur im Bedarfsfall durch Schallmessungen nachgewiesen.

Bei Armaturen und Geräten der Wasserinstallation gelten die Anforderungen als erfüllt, wenn die „richtigen" Armaturen eingebaut wurden. Einzelheiten hierzu s. Abschnitt 2.2.3. Da die Erfüllung der Schallschutzanforderungen hier in besonderem Maße von der einwandfreien Beschaffenheit der Armaturen abhängt, sind sie der Prüfpflicht (§ 25 LBO NW) unterworfen worden. Das Prüfzeichen wird durch Prüfbescheid dem Hersteller zugeteilt, der seine Produkte entsprechend äußerlich sichtbar zu kennzeichnen hat (s. Abschnitt 2.2.3). Aufgrund des Kennzeichens kann somit die Einhaltung bauaufsichtlicher Anforderungen festgestellt werden.

Über den Nachweis der erhöhten Anforderungen an den Luft- und Trittschallschutz zwischen „lauten Räumen" und Aufenthaltsräumen heißt es in DIN 4109 Teil 5 sinngemäß:

Auf die in DIN 4109 Teil 2 beschriebenen Verfahren zum Nachweis der Eignung wird hingewiesen. Sie sind hier jedoch nur beschränkt anwendbar, weil die in Tabelle 10 genannten Mindestwerte für die Schalldämmung meist erheblich über den Anforderungen der sonstigen Bauteile liegen. Die in DIN 52 210 Teil 2 festgelegten Prüfstände sind für die Prüfung meist nicht geeignet, weil sie nach Definition eine Flankenübertragung aufweisen, die dem Normalfall in Gebäuden in Massivbauart entspricht. Bei den in Tabelle 10 genannten Fällen ist jedoch eine wesentlich geringere Flankenübertragung erforderlich. Daher ist nur eine Messung bei ähnlichen baulichen Bedingungen einer schon ausgeführten Anlage möglich.

Da noch nicht für alle neuen Bauteile oder Bauarten, z. B. Wohnungsabschlußtüren, Fenster, vollständige Eignungsprüfungen vorliegen, besitzt eine weitere Form des bauaufsichtlichen Nachweises eine gewisse Bedeutung: Die Genehmigung im Einzelfall. Sie ist für die Bauaufsicht ohne große Probleme, da der erzielte Schallschutz nach Fertigstellung des Bauvorhabens jeder Zeit geprüft werden kann. Dies ist ein großer Vorteil des Schallschutzes gegenüber vielen anderen bautechnischen Gebieten, da hier völlig zerstörungsfrei die Eigenschaften im eingebauten Zustand feststellbar sind. Eine solche Prüfung am fertigen Bauwerk heißt Güteprüfung. Sie kann auch ausgeführt werden, wenn z. B. trotz Baugenehmigung der Verdacht aufkommt, der erzielte Schallschutz entspräche nicht den Mindestanforderungen. So kann, falls sich der Verdacht bestätigen sollte, leicht gutachterlich festgestellt werden, ob ein Planungs- oder Ausschreibungsfehler, ein Fehler bei der Herstellung der Bauteile (z. B. Einbaufehler) vorliegt oder gar fehlerhaft hergestellte oder gekennzeichnete oder für den Einsatz ungeeignete Baustoffe verwendet wurden.

3 Prinzipielles zur Luft- und Trittschalldämmung von Bauteilen

Zur Einführung in das Verständnis über die akustische Wirksamkeit von raumabschließenden Bauteilen − vgl. Abschnitt 4 − sollen im folgenden einige grundsätzliche Bemerkungen gemacht werden. Dabei werden die vielfältigen physikalischen Einflüsse bewußt sehr grob vereinfacht. Wegen der exakteren theoretischen Zusammenhänge muß auf die weiterführende Literatur verwiesen werden.

Hinsichtlich ihres schwingungstechnischen Verhaltens werden zwei Grundtypen von Bauteilen unterschieden: einschalige und zweischalige Bauteile.

3.1 Einschalige Bauteile

Im akustischen Sinne einschalig heißen Bauteile, die im wesentlichen homogen aufgebaut sind. Dies sind Bauteile, die in Bauteilebene gleichmäßig sind, also z. B. überall gleich dick sind, und in Dickenrichtung aus einheitlichen oder wenigstens ähnlichen Baustoffen bestehen. Enthalten die Bauteile mehrere Schichten, so müssen die gleichartigen Baustoffe einen flächigen Verbund aufweisen.

Einschalige Bauteile sind trivialerweise Glasscheiben, Metallbleche, Platten aus Ortbeton. Dazu gehören aber auch aus Vollziegeln gemauerte Wände mit Putz, Gipsplattenwände u. ä.

Gemeinsames Kennzeichen einschaliger Bauteile ist, daß alle Massenprodukte, die auf einer Flächennormalen liegen, konphas schwingen, also dabei ihre gegenseitigen Abstände nicht verändern.

Dieses Merkmal erfüllen auch noch Bauteile mit kleinen Hohlräumen, z. B. Gasbeton, z. B. Mauerwerk aus Lochziegeln, jedoch geht dieses Merkmal mit zunehmend größer werdenden Hohlräumen verloren, z. B. bei Decken mit Zwischenbauteilen (z. B. nach DIN 4158, vgl. auch Abb. 26), bei Glasbausteinwänden oder gar bei Holzbauteilen in Tafelbauarten.

3.1.1 Luftschalldämmung und bewertetes Schalldämm-Maß

Die Luftschalldämmung einschaliger Bauteile gehorcht, unabhängig vom jeweiligen Baustoff, näherungsweise dem Massegesetz, das auch nach seinem wesentlichen Entdecker *Berger*sches Gesetz heißt. Seine Ableitung und die wichtigsten Gleichungen sind in vielen Fachbüchern wiedergegeben, z. B. [1, 7]. Hier daher nur einige Grundüberlegungen: Die Schalldruckwelle im Senderaum wirkt pro Flächeneinheit mit entsprechender zeitabhängiger Kraft, z. B. in N/m², auf das raumabschließende Bauteil ein und müht sich, entsprechend dem *Newton*schen Gesetz, eine Beschleunigung zu erzielen. (Es wird hier zunächst unterstellt, daß die Bauteile vollständig dicht sind; sonst siehe Abschnitt 3.3.) Die Beschleunigung wird um so größer sein, je kleiner die Massenbelegung des Bauteils m' pro Flächeneinheit, z. B. in kg/m², ist. Der auf der Empfangsraumseite des Bauteils abgestrahlte Schalldruck ist proportional der Schwinggeschwindigkeit $v = v_0$ sin $2\pi f t$ der Wand, also ihrer Schallschnelle. Berücksichtigt man, daß die Beschleunigung die Ableitung dv/dt darstellt, so erkennt man, daß die Beschleunigung der Frequenz proportional ist. Der Effektivwert des im Empfangsraum entstehenden Schalldruckes p_2 wird damit aber umgekehrt proportional der flächenbezogenen Masse (gleichbedeutend: Flächengewicht) m' und umgekehrt proportional der Frequenz, also

$$p_2 = \text{const}\, \frac{p_1}{m' f}.$$

Nach Logarithmierung erhält man mit Gleichung 14 dann

$$R = 20 \log(\text{const}\, m' f) + \text{const} \tag{28}$$

Danach müßte R sowohl bei Verdopplung der flächenbezogenen Masse als auch der Frequenz um jeweils 6 dB ansteigen.

Messungen des Schalldämm-Maßes als Funktion der Frequenz zeigten jedoch ein differenzierteres Bild. Der grundsätzliche Verlauf der Schalldämmung einer homogenen Wand ist in Abb. 21 dargestellt [5]. Der Kurvenverlauf läßt sich mit drei (im log-Maßstab) Geraden annähern. Nur Gerade a entspricht Gleichung 28. Mit zunehmender Frequenz bleibt dagegen die tatsächliche Schalldämmung hinter den einfachen theoretischen Erwartungen zurück und durchläuft bei der mit f_{gr} bezeichneten Frequenz ein wenigstens bei dünnen Bauteilen deutlich ausgeprägtes Minimum. Bei hohen Frequenzen steigt die Schalldämmung gemäß Kurve c im Regelfall etwas steiler an (etwa 7,5 dB pro Oktave gegenüber 6 dB pro Oktave) als gemäß Kurve a, wobei Kurve c eine Funktion von Stoffwerten, insbesondere der

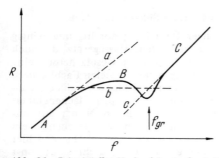

Abb. 21 *Prinzipieller Verlauf der Luftschalldämmung R als Funktion der Frequenz f für ein einschaliges Bauteil. Die Kurve wird durch die Geraden a, b und c angenähert, die unterschiedlich theoretisch begründet worden sind* [65]. f_{gr} *heißt Grenzfrequenz der Spuranpassung.*

inneren Dämpfung ist, während Kurve a stoffunabhängig allein durch das Flächengewicht bestimmt wird.

Nahe f_{gr} in Abb. 21 gerät also das Bauteil bei gegebener Anregung – einem Resonanzfall vergleichbar – in besonders heftige Schwingungen: Gleichung 28 lag die Voraussetzung zugrunde, daß das Bauteil, einem Kolben vergleichbar, als Ganzes hin und her schwingt. Eine solche Bewegung tritt auf, wenn die Schalldruckwelle senkrecht auf das Bauteil auftritt. In den diffusen, statistisch verteilten Schallfeldern, wie sie für Innenräume typisch sind, fallen die Schallwellen jedoch aus allen Richtungen auf das Bauteil ein. Hierbei ergibt sich eine zusätzliche Anregungsform des Bauteils: die Biegewelle. Eine gemäß Abb. 22 einfallende, z. B. ebene Schallwelle, trifft nämlich die einzelnen Punkte der Bauteiloberfläche zeitlich nacheinander. Die Auftrefflinie dieser Welle, auch die Spur genannt, läuft mit einer Geschwindigkeit von c/sin ϑ über die Bauteiloberfläche her. Bei streifendem Schalleinfall ($\vartheta = 90°$) ist die Spurgeschwindigkeit gleich der Schallgeschwindigkeit in Luft c, bei allen anderen Einfallswinkeln jedoch größer.

Im Augenblick des Auftreffens der Schalldruckwelle auf das Bauteil wird eine Biegewelle erzeugt, die sich mit der Biegewellengeschwindigkeit c_B in Bauteilebene ausbreitet. Der Vorgang wird anschaulich, wenn man sich einen ins Wasser fallenden Stein vorstellt. Die Geschwindigkeit c_B ist abhängig von Rohdichte ρ und Modul E des Materials, der Wanddicke d und steigt mit der Frequenz f der Anregung an.

Ist die Geschwindigkeit c_B der Biegewelle gleich der Geschwindigkeit der auf der Oberfläche entlanglaufenden Spur der Luftschallwelle, so entsteht eine Art von räumlicher Resonanz: Die Luftdruckmaxima laufen dann immer neben der Stelle der Wand her, die schon vorher

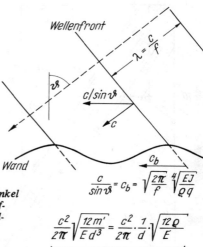

$$\frac{c}{\sin \vartheta} = c_b = \sqrt{\frac{2\pi}{f}} \sqrt[4]{\frac{EJ}{\varrho q}}$$

$$\frac{c^2}{2\pi} \sqrt{\frac{12\,m'}{E\,d^3}} = \frac{c^2}{2\pi} \cdot \frac{1}{d} \cdot \sqrt{\frac{12\,\varrho}{E}}$$

$$\underbrace{\phantom{\frac{c^2}{2\pi} \sqrt{\frac{12\,m'}{E\,d^3}} = \frac{c^2}{2\pi} \cdot \frac{1}{d} \cdot \sqrt{\frac{12\,\varrho}{E}}}}_{Grenzfrequenz}$$

Abb. 22
Wechselwirkung einer unter dem Winkel ϑ auf ein einschaliges Bauteil auftreffenden Luftschallwelle mit Biegewellen auf diesem Bauteil. Darstellung zur Deutung des Effektes der Spuranpassung oder Koinzidenz. Einzelheiten im Text.

durch das Auftreffen aus der Ruhelage heraus bewegt wurde und verstärken somit immer weiter die Bewegung der Wand, besser die Schallschnelle in Normalenrichtung und führen damit zu einer verstärkten Schallabstrahlung in den Nachbarraum, also zu einer Verschlechterung der Luftschalldämmung. Diesen Zustand nennt man Spuranpassung oder Koinzidenz.

Das geschilderte Nebeneinanderlaufen von Luftdruckmaximum und Biegewelle kann nur eintreten, wenn c_B als Funktion der Frequenz wenigstens auf c angestiegen ist. Diese sogenannte Grenzfrequenz f_{gr} läßt sich näherungsweise berechnen nach der Gleichung 29

$$f_{gr} = \frac{60}{d} \sqrt{\frac{\rho}{E_{dyn}}}$$

(29)

f_{gr}	d	ρ	E_{dyn}
Hz	m	kg/m^3	MN/m^2

Rohdichte und Dicke sind Ausdruck des Flächengewichtes, E-Modul und Dicke beschreiben die sogenannte Biegesteife.

Für einige Baustoffe ist die Grenzfrequenz als Funktion der Bauteildicke in Abb. 23 dargestellt.

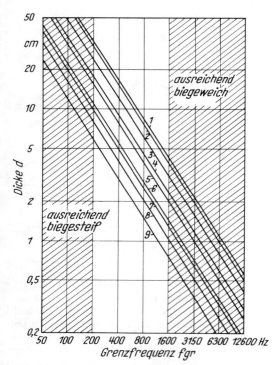

*Abb. 23   Grenzfrequenz f_{gr} als Funktion der Dicke d von einschaligen Bautei-
len aus verschiedenen Baustoffen. 1 Weichfaserplatten, 2 Blei, 3 Leichtbeton,
4 Hartspanplatten, 5 Gips, 6 Ziegelmauerwerk, 7 Sperrholz, 8 Beton, 9 Glas
(nach [4]).*

Nach dieser Erläuterung wird verständlich, daß einschalige Bauteile
nahe f_{gr} (s. Abb. 21) in ihrer Schalldämmung besonders stark hinter
den aufgrund ihrer Masse zu erwartenden Werten zurückbleiben.

Bei der Berechnung des bewerteten Schalldämm-Maßes R_w wird nur
das Schalldämm Maß R zwischen der Frequenz 100 Hz und 3 150 Hz
berücksichtigt. Besonders schlecht verhalten sich daher aufgrund der
Frequenzbewertung solche Bauteile, bei denen die Grenzfrequenz f_{gr}
in diesem Bereich fällt und insbesondere zwischen 200 Hz und 2 000 Hz
liegt. Besonders günstig (bei gegebener Masse) sind solche Bauteile, bei
denen $f_{gr} > 2\ 000$ Hz ist, sogenannte biegeweiche Bauteile.

Das bewertete Schalldämm-Maß R_w von einschaligen Bauteilen wird üblicherweise als Funktion des überwiegenden Einflusses, nämlich des Flächengewichts m' dargestellt. Man erhält Abb. 24a und b.

Der Verlauf der Kurven kann nach den vorstehenden Erläuterungen wie folgt interpretiert werden: Bauteile sehr geringen Flächengewichts besitzen eine sehr geringe Dicke und gemäß Gleichung 29 eine sehr hohe Grenzfrequenz. Bewertet werden daher Schalldämm-Maße, die Gleichung 28 genügen (Kurve a in Abb. 21). Das bewertete Schalldämm-Maß steigt damit zunächst mit 6 dB je Verdopplung des Flächengewichts. Mit zunehmendem Flächengewicht sinkt die Grenzfrequenz in den Hauptfrequenzbereich hinein, so daß bei der Berechnung von R_w zunehmend mehr Anteile der ungünstigeren Kurven b und c in Abb. 21 bewertet werden müssen: Das bewertete Schalldämm-Maß R_w steigt mit zunehmendem Flächengewicht sehr wenig an. Erst oberhalb eines Flächengewichts von z. B. 150 kg/m^2 bei Beton und Mauerwerk ist die Grenzfrequenz unter 100 Hz abgesunken, so daß R_w aus Kurven gebildet wird, die gemäß Kurve c in Abb. 21 verlaufen. Wegen der sich hier günstig überlagernden Einflüsse von zunehmendem Flächengewicht und weiter abnehmender Grenzfrequenz steigt R_w mit etwa 8 dB pro Gewichtsverdopplung.

Zwei Folgerungen sollen beispielartig schon hier aus Bild 24 gezogen werden:

Zur Erfüllung der Mindestanforderungen $R_w \geqq 55$ dB bei Wohnungstrennwänden müssen sie einschalig ein Flächengewicht von wenigstens 450 kg/m^2 besitzen. Im Bereich leichter Bauteile muß es das Ziel sein, bei gegebenem Flächengewicht eine möglichst hohe Grenzfrequenz, also eine kleine Biegesteife, zu erhalten. So kann das Aufeinanderlegen mehrerer dünner Einzelplatten, die nur an wenigen Einzelpunkten verbunden sind, günstiger sein als eine homogene Platte. Zur Senkung der Biegesteifigkeit ist auch das Einfräsen von Schlitzen in die Platten oder das Bekleben dünner Trägerplatten mit schweren Klötzchen, z. B. bei schalldämmenden Türen, versucht worden. Im Bereich recht schwerer Bauteile mit schon niedriger Grenzfrequenz ist dieses Vorgehen dagegen eher schädlich.

Trotz des Näherungscharakters besitzt Abb. 24 allergrößte Bedeutung für die Abschätzung des von Bauteilen zu erreichenden bewerteten Schalldämm-Maßes. Voraussetzung bleibt allerdings — wie bereits angemerkt — das das Bauteil dicht ist, also Schall nicht über Luftverbindungen vom Senderaum in den Empfangsraum gelangt und daß der Schall nicht zusätzlich über die flankierenden Bauteile übertragen wird. Einzelheiten s. Abschnitt 3.3.

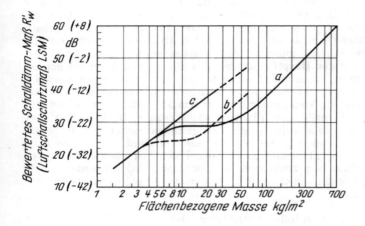

Abb. 24 Bewertetes Schalldämm-Maß R'ᵥ von einschaligen Bauteilen als Funktion von deren flächenbezogener Masse. Hinweis R'ᵥ ist nur ganzzahlig definiert. Kurven sind somit Näherungen.

a) Übersicht nach DIN 4109 Teil 2 [17] mit
  a Beton, Mauerwerk, Glas und ähnl. Baustoffe,
  b Holz und Holzwerkstoffe,
  c Stahlblech bis 2 mm, Bleiblech.

3.1.2 Trittschallpegel und äquivalentes Trittschallschutzmaß

Die Anregung von Decken durch Stoß oder Schlag bzw. durch das Gehen wird nach Abschnitt 1.4 mit Hilfe des genormten Hammerwerkes simuliert. Wirkt dieses Hammerwerk unmittelbar auf eine einschalige (Roh-)Decke ein, so entsteht bei üblichen Baustoffen ein hoher Trittschallpegel unterhalb der Decke.

Der Frequenzverlauf zeichnet sich durch einen großen Anteil höherer Frequenzen aus: Das Klopfen auf massive Rohdecken oder das Hämmern oder (Schlag-)Bohren an gemauerten Wänden klingt eher hell als dumpf. In Abb. 25 ist für verschiedene Plattendecken aus Stahlbeton der Normtrittschallpegel näherungsweise dargestellt. Zum Vergleich eingezeichnet sind die Bezugskurve zur Berechnung der Einzahlangabe *TSM* (vgl. Abschnitt 1.4) und der Frequenzverlauf der Bezugsdecke nach DIN 52 210 Teil 4 zur Berechnung des Verbesse-

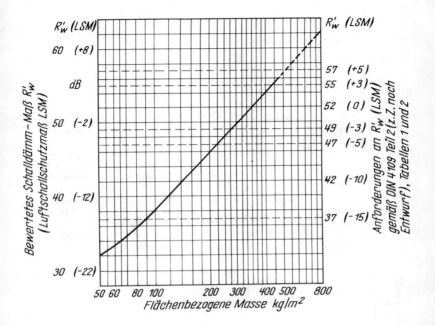

b) Detailierung von Kurve a aus Abb. 24 a gemäß DIN 4109 Teil 3 [18]: Es handelt sich um biegesteife Wände. Als Bemessungshilfe sind an der rechten Ordinate die in DIN 4109 enthaltenen Anforderungsniveaus verschiedener Bauteile angegeben.

rungsmaßes *VM* von Deckenauflagen. Man erkennt, daß die Bezugsdecke einer realen Massivdecke nachempfunden ist.

Abb. 25 zeigt, daß der Trittschallpegel mit zunehmendem Flächengewicht der einschaligen (Roh-)Decke abnimmt, also die Trittschalldämmung zunimmt. Da bei einer Trittschallanregung in großem Umfang auch Biegewellen entstehen, nimmt die Trittschalldämmung auch mit zunehmender Biegesteifigkeit zu.

Bei allen massiven einschaligen Decken ohne Deckenauflage ist definitionsgemäß aufgrund Gleichung 25 *TSM = TSM*$_{eq}$. Trägt man das äquivalente Trittschallschutzmaß als Funktion des Flächengewichts der einschaligen Decke auf, so erhält man das in Abb. 26 dargestellte Ergebnis. Es kann zur Abschätzung von *TSM*$_{eq}$ in Verbindung mit Gleichung 25 benutzt werden und stellt damit ein Abb. 24 vergleichbares Bemessungshilfsmittel dar.

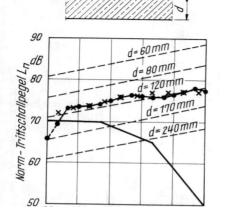

Abb. 25
Normtrittschallpegel (berechnet) von Stahlbeton-Volldecken verschiedener Dicken d. (————).
Zum Vergleich: Bezugskurve DIN 52 210 Teil 4 [42] zur Bestimmung von TSM sowie reale Meßwerte für d = 120 mm (•--•-) und die Bezugsdecke nach DIN 52 210 Teil 4 [42] zur Berechnung des Verbesserungsmaßes VM von Deckenauflagen (××), nach [4].

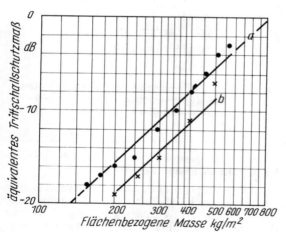

Abb. 26 Äquivalentes Trittschallschutzmaß TSM_{eq} verschiedener Decken als Funktion der flächenbezogenen Masse.
a   Stahlbetonplatten- oder -rippendecken (auch Gasbeton),
b   Decken mit Zwischenbauteilen, z. B. Hohldielen.
Eingetragen sind zusätzlich die in DIN 4109 Teil 3, Tabelle 1 [18] genannten Werte (• bzw. ×). Man erkennt eine Steigung der Geraden mit etwa 7,5 dB pro Massenverdopplung. Keine technisch interessante Rohdecke erreicht ohne trittschallverbessernde Deckenauflage den Wert TSM = 0 dB! Hinweis: TSM_{eq} kann nur ganzzahlige Werte annehmen. Kurven haben daher Näherungscharakter.

Man erkennt aus Abb. 26 aber auch, daß keine der üblichen Rohdecken ohne zusätzliche Maßnahmen in der Lage ist, die in DIN 4109 Teil 2 gestellten Anforderungen auch nur annähernd zu erfüllen. Einschalige Rohdecken ohne trittschallverbessernde Maßnahmen sind daher in der Baupraxis ohne Bedeutung.

Wichtiger Hinweis:

Rohdecken mit einem weichfedernden Gehbelag, z. B. Teppich, sind hinsichtlich der Luftschalldämmung wie einschalige Bauteile zu behandeln. Der Gehbelag verändert daher das Luftschalldämm-Maß nur entsprechend seinem meist geringfügigen Flächengewicht. Bei Trittschallbeanspruchung sorgen diese Gehbeläge aber dafür, daß die Stoßenergie des Hammerwerkes abgefangen wird. Der Trittschallpegel wird dadurch erheblich gemindert. Rohdecken mit weichfedernden Gehbelägen können also hinsichtlich der Trittschalldämmung nicht wie einschalige Decken behandelt werden.

Der Vollständigkeit halber sei angemerkt, daß die Ordinaten der Abb. 24 und 26 definitionsgemäß nur ganzzahlige Werte annehmen können. Die Kurven geben daher streng genommen keine stetigen Funktionen wieder.

3.2 Zweischalige Bauteile

Zweischalige Bauteile bestehen zunächst in Dickenrichtung aus mehreren Schichten. In Fortführung der Überlegungen am Anfang des Abschnittes 3.1 ist es gemeinsames Kennzeichen zweischaliger Bauteile, daß alle Massepunkte, die auf einer Flächennormalen liegen, *nicht* nur konphas schwingen. Vielmehr sind auch solche Bewegungen möglich, bei denen sich die Abstände der einzelnen Schichten voneinander auch periodisch ändern.

Voraussetzung für eine solche innere Beweglichkeit ist, daß zwei relativ steife Bauteilschichten keinen flächigen starren Verbund eingehen, sondern nur über elastisch verformbare Zwischenschichten miteinander verbunden sind. Hierbei ist zunächst an Dämmstoffe zu denken.

Ein Sonderfall derartiger Zwischenschichten ist die Luftschicht. Hier muß man sich zunächst von der Vorstellung frei machen, daß Luft beliebig beweglich und nicht elastisch verformbar ist. Tatsächlich bleibt die Luft in einem Bauteil unter dem Einfluß der hohen Schwingungsfrequenzen praktisch am Ort und wird periodisch komprimiert und wieder entspannt. Viel besser wäre es, sich die Luft ähnlich wie in einem Autoreifen vorzustellen. Hier kann die Luft sehr wohl federnd auf Stöße durch das Straßenpflaster reagieren.

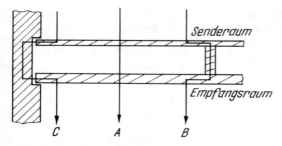

Abb. 27   Prinzipielle Schallübertragungswege bei zweischaligen Bauteilen. A Übertragung als Feder-Masse-System, B Übertragung über Schallbrücken, wie Ständer und Rippen oder Fehlstellen als Folgen mangelnder handwerklicher Ausführung (z. B. bei schwimmenden Estrichen), C Übertragung über die gemeinsame Randeinspannung beider Schalen.

Bei sehr weich federnden Zwischenschichten müssen die steiferen Schalen aus Festigkeitsgründen z. B. mit Rippen verbunden werden. Zusätzlich bestehen konstruktive Verbindungen zwischen den Schalen an den Randeinspannungen und der Aufstellfläche. Der Durchgang von Luftschall durch ein zweischaliges Bauteil erfolgt daher auf den in Abb. 27 gezeigten Wegen nach unterschiedlichen Gesetzmäßigkeiten. Die einzelnen Wege müssen daher gesondert betrachtet werden und führen in ihren Gesamtwirkungen nicht zu einfachen, geschlossen darstellbaren Abhängigkeiten.

3.2.1 Luftschalldämmung und bewertetes Schalldämm-Maß

Bei zweischaligen Bauteilen läßt sich eine bestimmte Luftschalldämmung mit einer geringeren flächenbezogenen Masse erreichen als bei einschaligen. Die bewerteten Schalldämm-Maße können zum Teil erheblich über denen nach Abb. 24 liegen. Wegen des großen Einflusses der Biegesteifigkeit der Schalen und der im folgenden zu besprechenden Systemeigenschaften kann aber keine der Abb. 24 entsprechende verbindliche Darstellung gegeben werden. In Abb. 28 ist lediglich der Versuch gemacht worden, die bei ordnungsgemäßer Ausführung erzielbaren Schalldämm-Maße zweischaliger Bauteile im Vergleich zu gleich schweren einschaligen Bauteilen einzugrenzen. Der Darstellung liegen Angaben in DIN 4109 Teil 3 zugrunde.

Das zunächst so positive Verhalten zweischaliger Bauteile im Vergleich zu einschaligen kann bei Nichtbeachtung bestimmter Systemeigenschaften in sein Gegenteil verkehrt werden. Es gibt zweischalige Bauteile, die eine schlechtere Luftschalldämmung aufweisen als gleich schwere einschalige! Dies soll im folgenden erklärt werden,

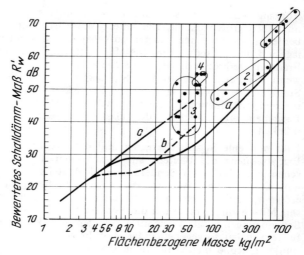

Abb. 28   Mit zweischaligen Bauteilen erzielbare Luftschalldämm-Maße R'_w im Vergleich zu gleich schweren einschaligen Bauteilen (Abb. 24 a) unter Verwendung von Angaben in DIN 4109 Teil 3 [18].
1 zwei biegesteife Wände mit durchgehender Trennfuge (s. Abb. 46), 2 biegesteife Wände mit biegeweicher Vorsatzschale (s. Abb. 47), 3 Wände aus zwei biegeweichen Wänden (z. B. Abb. 48), 4 Holzbalkendecken im Prinzip der Abb. 45.

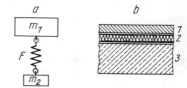

Abb. 29   Zum Prinzip zweischaliger Bauteile:
a   mechanisches Ersatzmodell „Feder-Masse-System",
b   Realisierung in schwimmenden Fußböden, 1 Estrichplatte, lastverteilend, 2 Dämmschicht, 3 Plattendecken, Rohdecke.

wobei allein der in Abb. 27 dargestellte Übertragungsweg A betrachtet wird.

Die beiden Schalen eines Bauteils können zusammen mit der federnden Zwischenschicht als Feder-Masse-System betrachtet werden, das sich schematisch zu Abb. 29a vereinfachen läßt. Ein solches System ist selbst schwingungsfähig und schwingt nach Erregung z. B. durch Stoß mit einer bestimmten sogenannten Eigenfrequenz f_0. Dieser

Vorgang wird sofort anschaulich, wenn man sich die obere Masse unendlich groß vorstellt. Die untere Masse ist dann an einer Schraubenfeder wie an einem Galgen aufgehängt und kann um ihre Ruhelage auf und ab schwingen. Die Masse schwingt mit um so geringerer Frequenz, je größer die Masse ist. Sie schwingt mit größerer Frequenz, wenn die Feder eine größere Steifigkeit besitzt. Die hier gemeinte Steifigkeit — genauer: dynamische Steifigkeit — beschreibt diejenige mechanische Spannung, die aufzuwenden ist, um die Feder um eine Längeneinheit (innerhalb des elastischen Bereiches) zusammenzudrücken.

Fällt nun eine Schallwelle genau mit der Frequenz f_0, also mit der Eigenfrequenz des Bauteils auf dessen Oberfläche ein, so tritt zwischen Schallwelle im Senderaum und Bauteilschwingung Resonanz auf. Das Ergebnis ist, daß das Bauteil zu heftigem Mitschwingen erregt wird. Zur besseren Anschaulichkeit sei angegeben, daß bei diesem Mitschwingen nicht nur die dem Senderaum zugewandte Schale in Schwingungen gerät. Vielmehr schwingen nach kurzer Einschwingzeit beide Schalen so gegeneinander, daß ihr gemeinsamer Systemschwerpunkt in Ruhe bleibt. In einem solchen Resonanzfall schwingt also auch die dem Empfangsraum zugekehrte Schale und strahlt dabei Schallenergie mit der Frequenz f_0 ab. Die Lufschalldämmung R eines zweischaligen Bauteils ist damit in der Nähe der Resonanzfrequenz außerordentlich schlecht.

Als Funktion der Frequenz zeigen zweischalige Bauteile die in Abb. 30 dargestellte Luftschalldämmung. Zum Vergleich ist die Luftschalldämmung von einschaligen Bauteilen gleichen (Gesamt-)Flächengewichts eingetragen. Man erkennt folgende besonders wichtigen Unterschiede:

Zweischalige Bauteile besitzen nur oberhalb der Eigenfrequenz f_0 ein gegenüber einschaligen Bauteilen verbessertes Luftschalldämm-Maß. In der Nähe von f_0 dagegen dämmen zweischalige Bauteile mitunter sogar erheblich schlechter als gleich schwere einschalige Bauteile! Gerade die Nichtbeachtung dieses Phänomens führt in der Praxis immer wieder zu überraschenden Fehlschlägen. Bei Frequenzen weit unterhalb der Eigenfrequenz verhalten sich ein und zweischalige Bauteile gleichen Flächengewichts weitgehend gleich. Die Zweischaligkeit bringt also akustisch keine Vorteile.

Die Überlegenheit zweischaliger Bauteile kann also nur dann ausgenutzt werden, wenn es durch planerische Maßnahmen und geschickte Wahl der Baustoffe gelingt, die Eigenfrequenz aus dem für das bewertete Schalldämm-Maß R_W wichtigen Frequenzbereich nach unten herauszudrücken: Die Eigenfrequenz f_0 muß unter 100 Hz liegen, z. B. bei 85 Hz oder tiefer. Gelingt dies nicht sicher, wird ggf. das schon im Flächengewicht liegende Schalldämmvermögen verspielt!

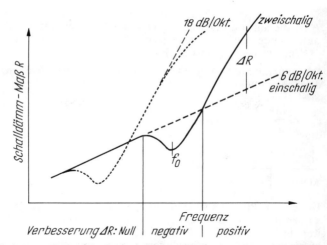

Abb. 30 Idealisierter Verlauf des Luftschalldämm-Maßes R zweier zweischaliger Bauteile unterschiedlicher Eigenfrequenzen f_0 im Vergleich zum einschaligen Bauteil gleicher flächenbezogenen (Gesamt-)Masse: Bei tiefen Frequenzen $f \ll f_0$ unterscheiden sich ein- und zweischalige Bauteile nicht. Für $f \approx f_0$ besitzt ein zweischaliges Bauteil eine schlechtere Schalldämmung als das einschalige. Für $f > f_0$ ist das zweischalige Bauteil dem gleich schweren Bauteil überlegen. Nur dieser Bereich ist daher technisch interessant.

Es war bereits angegeben worden, daß die Eigenfrequenz f_0 durch das Flächengewicht und das Federvermögen der Zwischenschicht bestimmt wird. f_0 kann berechnet werden nach Gleichung 30

$$f_0 = \frac{1}{2\pi} \sqrt{s'\left(\frac{1}{m_1'} + \frac{1}{m_2'}\right)}$$

(30)

f_0	s'	m_1, m_2
Hz	N/m³	kg/m²

s' heißt dynamische Steifigkeit und ist eine Eigenschaft der Zwischenschicht. Sie kann für die meisten Schichten nach DIN 52 214 [47] gemessen werden und wird dort analog zur sog. Federkonstanten von Schraubenfedern definiert

$$s' = \frac{F}{S} \frac{1}{\Delta d} = \frac{E_{dyn}}{a}$$

(31)

F ist die auf die Fläche S einwirkende Wechselkraft und Δd die dabei auftretende Dickenänderung. s' wird üblicherweise in der Einheit MN/m³ angegeben. a ist die Baustoffdicke.

Die dynamische Steifigkeit von Luftschichten ist allein eine Funktion der Schichtdicke a:

$$s'_L = \frac{11}{a}$$

(32)

s'_L	a
MN/m³	cm

Dieser sehr kleine, also günstige Wert, kann in der Praxis jedoch nicht ausgenutzt werden. Vielmehr sollte man stets eine in Bauteilebene durchgehende Luftschicht mit schallschluckenden Einlagen wenigstens teilweise ausfüllen, insbesondere um stehende Wellen in diesem Hohlraum zu verhindern. Die hier geforderte Eigenschaft des Schallschluckstoffes, nämlich die Luft erstens möglichst wenig in Zellen einzuschließen – erinnert sei an das genannte Modell eines Autoreifens –, aber sie trotzdem so am Strömen zu hindern, daß keine Schwingungen entstehen, wird beschrieben durch den längenbezogenen Strömungswiderstand Ξ, (griechischer Buchstabe Ksi), einer nach DIN 52 213 [46] meßbaren Größe. Sie beschreibt diejenige Druckdifferenz, die notwendig ist, um durch eine Schicht der Dicke 1 m in der Sekunde einen m³ Luft durch jeden m² Baustofffläche hindurchzudrücken. Ξ hat die Einheit Ns/m⁴.

Gleichung 30 ist in DIN 4109 Teil 2 für einige Sonderfälle in Zahlenwertgleichungen umgeschrieben worden. Die dortige Tabelle 3 ist wegen der Bedeutung hier als Tabelle 16 wiedergegeben. Die mit Ausnahme der Fußnote 3 gegebene Gültigkeitsbeschränkung auf biegeweiche Bauteile hat seinen Grund in dem in Abb. 27 gezeigten zusätzlichen Übertragungsweg C. Bei zweischaligen Bauteilen aus zwei biegesteifen Schalen wird Schall hauptsächlich über die gemeinsame Randeinspannung übertragen. Gerade dieser Weg wird jedoch bei schwimmenden Estrichen oder bei zweischaligen Haustrennwänden konstruktiv weitgehend unterdrückt. Einzelheiten siehe Abschnitt 4.

Die dynamische Steifigkeit der als federnde Zwischenschichten in Frage kommenden Baustoffe ist in Tabelle 17, die [5] entnommen wurde, zusammengestellt. Es handelt sich dabei überwiegend um Dämmstoffe, die auch für die Verbesserung der Wärmedämmung verwendet werden. Die meisten derartigen Dämmstoffe werden –

wegen des auch hier erforderlichen bauaufsichtlichen Brauchbarkeits-
nachweises — mit genormten Mindesteigenschaften hergestellt und gekennzeichnet. So kann, wenigstens bei akustisch unbedenklichen
Dämmstoffen mit kleiner dynamischer Steifigkeit, aus der genormten
Kurzbezeichnung die dynamische Steifigkeit abgelesen werden. Alle
anderen Dämmstoffe tragen den Warnvermerk „nicht für Trittschalldämmung", so daß deren Brauchbarkeit für den beabsichtigten Einsatzbereich besonders untersucht werden muß. Auf eine solche Kennzeichnung ist besonders bei den Schaumkunststoffen zu achten, da
sich hier die schalltechnisch günstigen Platten äußerlich im Regelfall
nicht von reinen Wärmedämmplatten mit hoher dynamischer Steifigkeit (Zeile 13 und 14 in Tabelle 17) unterscheiden lassen.

Bei Holzwolleleichtbauplatten muß man sorgfältig die Verarbeitungs-
richtlinien in DIN 1102 beachten: Dort heißt es: „Werden Schallschutzanforderungen gestellt, so sind bei raumseitigen, großflächigen
Bekleidungen, die anschließend verputzt werden, die Platten punktweise oder streifenförmig mit etwa 10 cm breiten Streifen mit mindestens 50 cm Mittenabstand anzubringen. Das vollflächige Anbrin-
gen ist nur dann zulässig, wenn ein Nachweis der Eignung entsprechend DIN 4109 geführt wird". Die Nichtbeachtung dieser Vorschrift
führt zu einem zweischaligen Bauteil des in Tabelle 16 Fall d genannten Typs mit im Regelfall zu großer Eigenfrequenz f_0. (Die Putzschale
schwingt mittels der flächig verbundenen Holzwolleleichtbauplatten
gegen den Rest des Bauteils, also tragende Wand oder Rohdecke.)

Tabelle 16 gibt dem Planenden das Werkzeug in die Hand, zu entscheiden, ob ein beabsichtigtes zweischaliges Bauteil eine bessere oder
schlechtere Luftschalldämmung besitzt als ein einschaliges. Bei einigen geschichteten Bauteilen ist es schwer, aus der Bauzeichnung
heraus zu entscheiden, ob das dargestellte Bauteil als einschalig oder
zweischalig zu gelten hat. Beim Fehlen ausgesprochener Dämmschichten und beim flächigen Verbund aller Schichten ist jedoch die Gefahr
einer Fehlinterpretation gering: Betrachtet man nämlich ein solches
Bauteil als zweischalig, obwohl es einschalig ist, so berechnet man, gestützt auf Gleichung 31, eine sehr hohe Eigenfrequenz, woraus in
Verbindung mit Abb. 30 folgt, daß es eine Schalldämmung wie ein
einschaliges Bauteil besitzt.

Da die beiden Einzelschalen jede für sich gleichzeitig auch einschalige
Bauteile sind, werden die Verhältnisse zusätzlich durch die Grenz-
frequenzen f_{gr} der beiden Schalen beeinflußt.

Die Wirksamkeit auch richtig abgestimmter zweischaliger Bauteile
wird durch die Schallübertragungswege B und C gemäß Abb. 27 be-

Tabelle 16: Zur Bestimmung der Eigenfrequenz f_0 zweischaliger Bauteile

Ausfüllung des Zwischenraumes	Doppelwand aus zwei gleich schweren biegeweichen Einzelschalen	Biegeweiche Vorsatzschale vor schwerem Bauteil
Luftschicht mit schallschluckender Einlage[1]	Fall a $$f_0 \approx \frac{85}{\sqrt{g \cdot a}}$$	Fall b $$f_0 \approx \frac{60}{\sqrt{g \cdot a}}$$
Dämmschicht mit beiden Schalen vollflächig fest verbunden oder an diesen fest anliegend[2]	Fall c $$f_0 \approx 225 \sqrt{\frac{s'}{g}}$$	Fall d[3] $$f_0 \approx 160 \sqrt{\frac{s'}{g}}$$

Hierin bedeuten:

f_0 Eigenfrequenz in Hz
g flächenbezogene Masse der biegeweichen Schale in kg/m^2
a Schalenabstand in m
s' dynamische Steifigkeit der Dämmschicht in MN/m^3

[1]) Die Gleichungen für die Fälle a und b gelten nur, wenn die schallschluckende Einlage eine Gefügesteifigkeit hat, die vernachlässigbar klein gegenüber der Luftsteifigkeit ist, und ihr längenbezogener Strömungswiderstand $5 \cdot 10^3 \leq \Xi \leq 50 \cdot 10^3$ N · s/m^4 beträgt. Diese Bedingungen können erfüllt werden z. B. von Faserdämmstoffen nach DIN 18 165 Teil 1, Typ WZ-w oder W-w.

Ausnahmen bilden Ausführungen mit außenseitig verputzten Holzwolle-Leichtbauplatten nach DIN 1101 (siehe z. B. DIN 4109 Teil 3 [z. Z. noch Entwurf], Bild 5.1, 5.2 und 5.5 sowie Bild 6.5 und 6.6. Hierbei kann auf eine schallschluckende Einlage verzichtet werden, weil diese Schalen zum Hohlraum hin offene Poren haben.

[2]) In den Fällen c und d — und auch bei schwimmenden Estrichen — ist die Eigenfrequenz von der dynamischen Steifigkeit s' abhängig und um so niedriger, je geringer diese ist.

[3]) Diese Gleichung gilt auch für die Bestimmung der Eigenfrequenz schwimmender Estriche; obwohl diese im allgemeinen nicht mehr zu den biegeweichen Schalen rechnen.

Für im Klebeverfahren angebrachte Vorsatzschalen, z. B. nach DIN 4109 Teil 3 (z. Z. noch Entwurf), Bild 5.6, ist neben der dynamischen Steifigkeit s' auch die Abreißfestigkeit der Dämmschicht aus mineralischen Faserdämmstoffen des Typs WV-s nach DIN 18 165 Teil 1, Ausgabe Januar 1975, Abschnitt 5.10, zu beachten.

Tabelle 17: Dynamische Steifigkeit verschiedener Dämmschichten für schwimmende Estriche. Werte bestimmt nach DIN 52 214

lfd. Nr.	Dämmstoff	Dicke im eingebauten Zustand mm	dynamische Steifigkeit N/cm³
1	Steinwolle-Rollfilz	12	19
2	Steinwolleplatten	10	20
3	Glasfaser-Rollfilz	7,9	23
4	Glasfaserplatten	6	32
5	Glasfaserplatten	11	19
6	Schlackenwolleplatten	19,2	50
7	Kokosfasermatten	7	36
8	Kokosfaser-Rollfilz	11,9	29
9	Korkschrotmatten	13	80
10	Korkschrotmatten	7,4	150
11	Korkschrotmatten	4,4	150
12	Gummischrotmatten	6,5	96
13	Polystyrol-Hartschaumplatten, je nach Hersteller	9–10	60–170
14	Polystyrol-Hartschaumplatten, durch Walzen o. ä. vorbehandelt	10–15	20–50
15	Torfplatten	21	100
16	Torfplatten, unterseitig profiliert	15,9	67
17	poröse Holzfaserplatten	13	150
18	Holzwolle-Leichtbauplatten, lose verlegt	25	210
19	Korkplatten, lose verlegt	12	550
20	Wellpappe aus Wollfilz	2,5	180
21	Sandschüttung	26	300
22	Korkschrotschüttung	20	81
23	Blähglimmer-Schüttung	15	175

grenzt. Besonders empfindlich gegen derartige sogenannte Schallbrücken sind Bauteile aus zwei biegesteifen Schalen. Bei besonders
ungünstiger Anordnung von Rippen oder Stegen kann sogar die Schalldämmung gleich schwerer einschaliger Bauteile unterschritten werden.
Zu solchen Bauteilen gehören z. B. einige Hohlkörperdecken.

Ist wenigstens eine der beiden Schalen biegeweich, so ist der Einfluß
der Schallbrücken wesentlich geringer. Hier sind durchaus einzelne
feste linienförmige, besser punktförmige, Verbindungstellen zwischen
den Schalen zulässig. Der Abstand zwischen diesen Verbindungs-
stellen soll aber wenigstens 500 mm betragen. Einzelheiten siehe
DIN 4109 Teil 3 und Abschnitt 4.

3.2.2 Trittschallminderung und Trittschallschutzmaß

Im Abschnitt 3.1.2 war in Verbindung mit Abb. 25 festgestellt worden, daß einschalige Deckenkonstruktionen nicht in der Lage sind,
einen ausreichenden Trittschallschutz zu bieten. Decken mit Trittschallanforderungen müssen daher stets zweischalig hergestellt werden.
(Die weichfedernden Bodenbeläge auf massiven Decken sind hier gesondert zu betrachten.) Die eigentliche tragende Rohdecke muß damit
durch eine zweite Schale ergänzt werden.

Im Gegensatz zum Luftschall gibt es beim Trittschall eine ausgezeich-
nete Anregungsrichtung: Man kann das Hammerwerk nur oben auf die
Decke stellen. Man kann hier ein durchaus unterschiedliches Verhalten
unterstellen je nach dem, ob die zweite Schale oberhalb oder unterhalb der Rohdecke angeordnet ist.

Bei unterseitig angeordneter zweiter Schale wird die biegesteife Rohdecke unmittelbar angeregt. Dabei wird wegen der unvermeidbaren
Randeinspannung an den Deckenauflagern Schallenergie in großem
Umfang in die vertikalen Bauteile eingeleitet und von den Wänden in
den Nachbarraum abgestrahlt. Die unterseitige Schale wird damit vom
Schall umgangen, wie es auch Abb. 36 zeigt, und mit zunehmender Steifigkeit, also zunehmendem Flächengewicht der Rohdecke, wirkungslos.

Für Massivdecken werden in DIN 4109 Teil 3 hierzu einige Beispiele
genannt, die in Abb. 31 grafisch dargestellt sind. In Verbindung mit
Abb. 26 erkennt man, daß auch Massivdecken mit Unterdecken ohne
weitere Maßnahmen nicht in der Lage sind, die üblichen Trittschallanforderungen zu erfüllen. Abweichend vom üblichen Sprachgebrauch
bezeichnet DIN 4109 Teil 3 auch solche Decken schlicht als Rohdecken und gibt mit Blick auf die zu ergreifenden Zusatzmaßnahmen
nur das äquivalente Trittschallschutzmaß an.

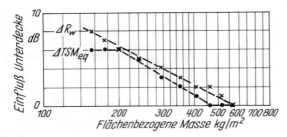

Flächenbezogene Masse kg/m²

Abb. 31 Verbesserung von massiven Rohdecken durch biegeweiche Unterdecken des in Abb. 42 dargestellten Typs, aufgrund von Angaben in DIN 4109 Teil 3 [18]. ΔR_w Vergrößerung des bewerteten Schalldämm-Maßes, ΔTSM_{eq} Vergrößerung des äquivalenten Trittschallschutzmaßes jeweils gegenüber Massivdecken ohne Unterdecke. Ergebnis: Nur leichte Rohdecken lassen sich mit Unterdecken wirksam verbessern.

Die zweite Schale muß daher oberseitig der Rohdecke angeordnet werden: Hier ergibt sich dann das Problem, daß die zur Trennung beider Schalen zu verwendende Dämmschicht einerseits eine geringe dynamische Steifigkeit besitzen muß, um die Eigenfrequenz f_0 ausreichend klein zu halten, andererseits aber so druckfest sein muß, daß sie die in die Decke eingeleiteten Verkehrslasten an die Rohdecke ohne Schaden weitergibt. Dies gelingt nur, wenn die obere Schale selbst ausreichend lastverteilend, insbesondere nicht zu dünn ist. Oberhalb der Rohdecke wird damit eine separate Platte als Fußboden aufgebaut, die durch die Dämmschicht von ersterer abgehoben ist. Der Fußboden, z. B. Estrich, wird also „schwimmend" verlegt.

Der Fußboden ist aufgrund seiner Dicke nicht mehr biegeweich, vielmehr liegt seine Grenzfrequenz f_{gr} je nach Baustoff zwischen ca. 400 Hz (z. B. 4 cm Zementestrich) und ca. 1 600 Hz (z. B. 2,5 cm Spanplatte), wie aus Abb. 23 abgelesen werden kann.

Wie im Abschnitt 3.2.1 dargestellt, unterscheiden sich zweischalige Bauteile von einschaligen erst oberhalb der Eigenfrequenz f_0. In Abb. 30 ist dargestellt, daß R dann zunächst mit ca. 12 dB pro Oktave rascher ansteigt als bei einschaligen Bauteilen. Entsprechendes findet man beim Trittschallpegel L_n: Oberhalb der Eigenfrequenz wird der Trittschallpegel der Rohdecke, bei f_0 beginnend, durch den schwimmenden Fußboden um 12 dB/Oktave vermindert. Diese Verhältnisse sind ausgehend von Abb. 25 in Abb. 32 skizziert.

ΔL wird im Abschnitt 1.4 Trittschallminderung genannt. Die auch bei günstiger Frequenzabstimmung (z. B. f_0 = 85 Hz) tatsächlich erzielbare Trittschallminderung erreicht die theoretischen Werte nicht. Viel-

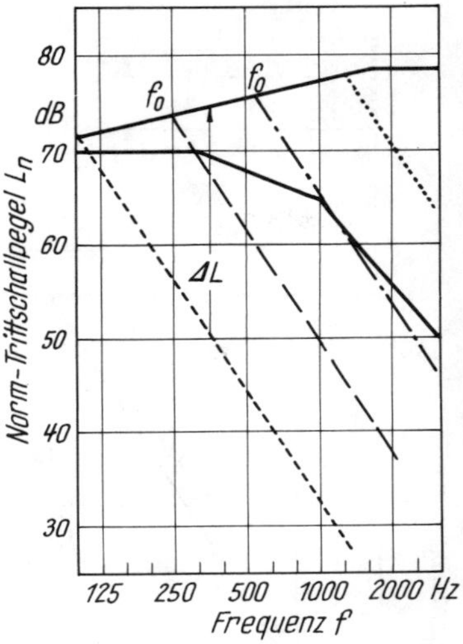

Abb. 32
Normtrittschallpegel L_n einer Rohdecke mit schwimmendem Estrich in Abhängigkeit von der Eigenfrequenz f_0 des durch Rohdecke und Estrich gebildeten zweischaligen Systems: Nur für Frequenzen oberhalb f_0 nimmt die Trittschallminderung ΔL rasch zu.

mehr wird hier u. a. die Spuranpassung in der Estrichplatte verschlechternd wirksam. Dies ist gut an dem von *Gösele* gegebenen und [4] entnommenen Beispiel nach Abb. 33 zu erkennen.

Angesichts der insbesondere bei höheren Frequenzen erheblichen Unterschiede beim Trittschallverhalten ein- und zweischaliger Deckenkonstruktionen wird verständlich, daß schwimmend verlegte Fußböden besonders empfindlich gegen Schallbrücken sind. Bereits eine einzige Schallbrücke zwischen lastverteilender Platte und Rohdecke genügt schon, um die Trittschalldämmung erheblich zu vermindern. Solche Schallbrücken können zustande kommen, wenn beim Herstellen eines Estrichs der Mörtel beim Einbau direkt auf die Rohdecke gelangt. Dies muß also unter allen Umständen bei der Ausführung verhindert werden. Die Normen über die Ausführung schwimmender Estriche auf Massivdecken, DIN 4109 Teil 4, Ausgabe 1962, später DIN 18 560 Teil 2, schreiben daher verbindliche Vorsichtsmaßnahmen vor:

a) Dämmschichten mit dichten Fugen, mehrlagige Dämmschichten mit versetzten Stößen verlegen,

b) Abdecken der Dämmschicht mit 250er nackter Bitumenpappe, 0,2 mm Polyäthylenfolie oder anderen wasserundurchlässigen Erzeugnissen mit mindestens gleichem Bruchwiderstand und gleicher Dehnfähigkeit,

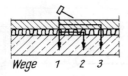

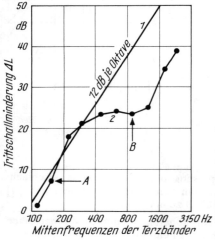

Abb. 33
Wegen der Trittschallübertragung bei einem schwimmenden Fußboden und Beispiel der Trittschallminderung ΔL eines Betonestrichs auf 10 mm dicken Mineralfaserplatten (nach [4]). 1 gerechnet für den Übertragungsweg 1,2 gemessen, A Einfluß des Weges 2, B Einfluß des Weges 3.

c) Die Dämmschichten und ihre Abdeckung dürfen nicht beschädigt sein und auch bei der Estrichherstellung nicht beschädigt werden. Bei der Beförderung von Estrichmörtel mit Karren müssen Bohlen oder dgl. verlegt werden.

Ausführliche Untersuchungen, insbesondere von *Gösele*, haben gezeigt, daß dort, wo wenigstens eine Pappe zwischen Schallbrücke und Decke liegt, der negative Einfluß der Schallbrücke auf die Trittschalldämmung wesentlich vermindert ist. Die geringe Federung der Pappe reicht schon aus, um die Schallbrücke unschädlich zu machen. Nach [5] kann man sogar Rohrleitungen, z. B. für die Heizung, innerhalb der Dämmschicht verlegen, wenn man die Rohre nur zusätzlich mit einem Streifen aus Bitumenfilz, Rippenpappe o. ä. abdeckt.

Mit der Entstehung von Schallbrücken ist beim Einbau von vorgefertigten Platten („Trockenestrichen"), z. B. aus Holzspanplatten an Stelle eines Estrichmörtels, weniger zu rechnen, weil die Berührung zwischen einer solchen Platte und der Rohdecke nicht eine so innige Verbindung ergibt, wie beim Durchlaufen des Mörtels durch die Dämmschicht.

Bei schwimmenden Fußböden gibt es eine zweite Art von Schallbrücken, nämlich zwischen Fußbodenplatte und den aufgehenden Bauteilen. Eine solche Verbindung macht sich vornehmlich bei hohen Frequenzen bemerkbar, und führt dort zu ggf. deutlichen Überschreitungen der Bezugskurve und damit zur Verschlechterung des Trittschallschutzmaßes. Als Gegenmaßnahme wird vorgeschrieben, an den aufgehenden Bauteilen (auch an Türzargen, Rohrleitungen) vor dem Aufbringen des Mörtels Dämmstreifen anzuordnen. Bei Gußasphaltestrichen genügt hier das Hochziehen der Abdeckung.

Das Trittschallschutzmaß TSM der fertigen Decke wird bei gegebener Rohdecke allein bestimmt durch das Verbesserungsmaß der Deckenauflage. Das Verbesserungsmaß wird wiederum durch den Frequenzverlauf der Trittschallminderung ΔL gegeben. Letztere ist, wie Abb. 32 zeigt, eine Funktion der Eigenfrequenz f_0 der zweischaligen Deckenkonstruktion. Da üblicherweise hierbei der Fall d der Tabelle 16 vorliegt, ist das Verbesserungsmaß VM schwimmender Fußböden näherungsweise allein eine Funktion der dynamischen Steifigkeit s' der Dämmschicht und des Flächengewichts g. Diese Funktion ist für schwimmende Estriche in DIN 4109 Teil 2 angegeben und hier als Abb. 34 wiedergegeben.

Am Ende des Abschnittes 3.2.1 war auf den Sonderfall einer Rohdecke mit weichfederndem Bodenbelag, z. B. Teppichen, hingewiesen worden. Ihr Verhalten entspricht hinsichtlich der Luftschalldämmung dem der Rohdecke. Der Trittschallpegel wird dagegen durch den Gehbelag oberhalb einer bestimmten Frequenz, auch hier Eigenfrequenz genannt, gemindert. Die Trittschallminderung steigt dabei, wie bei schwimmenden Fußböden, mit ca. 12 dB/Oktave an; Rohdecken mit weichfedernden Gehbelägen verhalten sich damit analog zu Decken mit schwimmenden Estrichen. Die Eigenfrequenz entsteht hier offensichtlich durch Wechselwirkung von Rohdecke und den anregenden Hämmern des Normhammerwerkes, wobei hier der Gehbelag die Funktion der Feder übernimmt. Das bei Bodenbelägen meßbare Verbesserungsmaß schließt damit automatisch Prüfparameter der Messung in Form von Konstruktionsdetails des Hammerwerkes ein. Der Allgemeingültigkeit der gemessenen Verbesserungsmaße von Bodenbelägen sind daher gewisse Grenzen gesetzt.

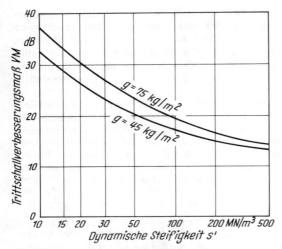

Abb. 34 Zusammenhang zwischen dem Trittschallverbesserungsmaß VM eines schwimmenden Estrichs und der dynamischen Steifigkeit s′ der verwendeten Dämmschicht bei (mineralisch gebundenen) schwimmenden Estrichen mit flächenbezogenen Massen von 75 und 45 kg/m² *(nach DIN 4109 Teil 2 [17]).*

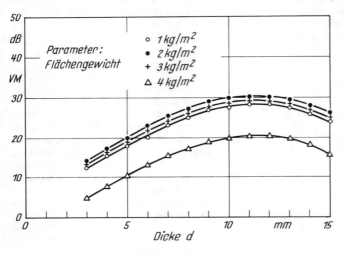

Abb. 35 Einfluß von Dicke und flächenbezogener Masse auf das Verbesserungsmaß VM von Bodenbelägen, nach [62]. Mittlere Abhängigkeiten aufgrund statistischer (Regressions-) Analysen.

Im Regelfall kann man davon ausgehen, daß die Verbesserungsmaße von guten Bodenbelägen, hier vor allem von Teppichböden, die Größenordnung von schwimmenden Estrichen erreichen. In Abb. 35 (nach [62]) sind die Verbesserungsmaße VM von 84 unterschiedlichen Bodenbelägen mit statistischen Methoden hinsichtlich der Dicke d und des Flächengewichts g ausgewertet worden. Die dargestellten Kurven haben den Charakter von Näherungsfunktionen. Man erkennt, daß eine richtige Kombination von Flächengewicht und Dicke wichtig ist. Ungeeignet sind, bei gegebenem Flächengewicht, zu dünne Gehbeläge — sie sind zu steif und zu dicht — sowie zu dicke Gehbeläge — sie sind zu weich und vermögen die fallenden Hämmer zu wenig abzubremsen. Die (Mindest-) Verbesserungsmaße von Gehbelägen mit genormten Eigenschaften können, zuverlässiger als nach Abb. 35 möglich, DIN 4109 Teil 3 entnommen werden.

Als Zusammenfassung kann man den Abschnitten 3.1 und 3.2 folgende „Rezepte" entnehmen:

- Die Luftschalldämmung einschaliger Bauteile wird durch das Flächengewicht bestimmt; Abb. 24 ist anzuwenden.

- Zweischalige Bauteile besitzen nur bei richtiger Frequenzanpassung eine bessere Luftschalldämmung. Falls $f_0 < 100$ Hz ist, sind Zuschläge gegenüber Abb. 24 möglich, die mit Hilfe von Abb. 28 abgeschätzt werden können. Falls $100 < f_0 < 2\,000$ Hz, sind gegenüber Abb. 24 Verschlechterungen zu befürchten. Für $f_0 > 2\,000$ Hz verhalten sich zweischalige wie einschalige Bauteile.

- Die üblicherweise geforderte Trittschalldämmung kann bei einschaligen Bauteilen nur erreicht werden, wenn zusätzlich ein weichfedernder Gehbelag aufgebracht wird. Da Trittschallanforderungen im Regelfall mit Luftschallanforderungen gekoppelt sind, müssen Bauteile zusätzlich ein hohes Flächengewicht besitzen. $TSM = TSM_{eq} + VM$ kann mittels Abb. 26 und Abb. 35 geschätzt werden.

- Trittschalldämmende Bauteile sind mit Ausnahme der genannten sehr schweren Decken mit Gehbelägen stets zweischalige Bauteile mit obenliegendem schwimmenden Fußboden. Für die Abschätzung von TSM kann Abb. 26 in Verbindung mit Abb. 34 benutzt werden.

- Ein großes Verbesserungsmaß gemäß Abb. 34 stellt sicher, daß $f_0 < 100$ Hz ist. In diesem Fall wird auch die Luftschalldämmung verbessert. Das Verbesserungsmaß gemäß Abb. 35 hat dagegen keinen Einfluß auf die Luftschalldämmung.

3.3 Schallübertragung über Nebenwege

Schall wird von Raum zu Raum nicht nur über die Trenndecke oder Trennwand (ggf. auch Türen) übertragen, sondern auf Nebenwegen am trennenden Bauteil zusätzlich vorbeigeleitet. Unter Nebenwegübertragung versteht man sowohl die Schallübertragung längs der angrenzenden „flankierenden" Bauteile — daher Flankenübertragung genannt — als auch die Luftschallübertragung über Schächte, Kanäle, Deckenhohlräume bei untergehängten Decken und Undichtigkeiten z. B. an Randanschlüssen oder Durchführungen von Rohren.

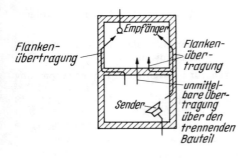

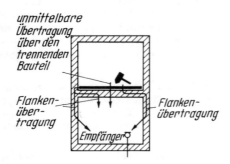

Abb. 36   Wege der Luft- und Trittschallübertragung vom Sende- in den Empfangsraum: Neben die unmittelbare Übertragung tritt die Flankenübertragung, die der maximalen Schalldämmung des trennenden Bauteils eine obere Grenze setzt.

104

Durch die Nebenwegübertragung wird der Schalldämmung der trennenden Bauteile stets eine nicht zu überschreitende obere Grenze gesetzt: Sie wird bei der Flankenübertragung bestimmt durch das den verschiedenen Übertragungswegen nach Abb. 36 zugeordnete Flankendämm-Maß (Einzelheiten siehe DIN 52 217 [50], auch DIN 52 210 Teil 2 [40]). Bei den üblichen massiven Wohnbauten liegt diese Grenze bei höchstens R_w = 58 dB.

Durch diese Grenze werden auch Sanierungsversuchen schlecht gegenseitig schallgedämmter Räume durchaus Grenzen gesetzt. Bei ungenügend geplanten oder ausgeführten Nebenwegen müssen diese in die dann sehr aufwendigen Arbeiten einbezogen werden.

3.3.1 Übertragung über flankierende Bauteile

An der Schallübertragung zwischen zwei Räumen sind im Regelfall vier flankierende Bauteile, bei Decken nämlich die vier raumbegrenzenden Wände und bei Trennwänden zwei Wände und zwei Geschoßdecken beteiligt. Die sich dabei ergebenden prinzipiellen Übertragungswege bei Luft- und Trittschall sind in Abb. 36 skizziert. Bei zweischaligen flankierenden Bauteilen werden die Verhältnisse erheblich komplizierter, da hier nur die Übertragung über die innere Schale der Abb. 36 entspricht, während bei dem Weg über die äußere Schale quasi zweimal die Resonanzphänomene berücksichtigt werden müssen.

Die Luftschallübertragung vom Senderaum zum benachbarten Empfangsraum setzt sich zusammen aus der Schallübertragung durch das trennende Bauteil und aus der Übertragung über die einzelnen flankierenden Bauteile (s. DIN 52 217). Die resultierende Schalldämmung zwischen zwei Räumen, ausgedrückt durch das bewertete Schalldämm-Maß R'_w des trennenden Bauteils wird nach Gleichung 33 ermittelt:

$$R'_w = -10 \, lg \left(10^{-R_w/10} + \sum_{i=1}^{n} 10^{-R'_{Liw}/10} \right) \text{ (dB)} \qquad (33)$$

Hierin bedeuten:

R_w bewertetes Schalldämm-Maß des trennenden Bauteils ohne Längsleitung über flankierende Bauteile in dB

R'_{Liw} bewertetes Schall-Längsdämm-Maß des i-ten flankierenden Bauteils am Bau in dB

n Anzahl der den trennenden Bauteil flankierenden Bauteile (im Regelfall n = 4)

Die rechnerische Ermittlung des bewerteten Schall-Längsdämm-Maßes R'_{Liw} eines flankierenden Bauteils am Bau erfolgt nach Gleichung 34:

$$R'_{\text{Liw}} = R_{\text{Liw}} + 10 \lg (S_{\text{Tr}}/S_0) - 10 \lg (l_n/l_0) \text{ (dB)} \qquad (34)$$

Hierin bedeuten:

R_{Liw} bewertetes Schall-Längsdämm-Maß des flankierenden Bauteils nach DIN 52 217, im Prüfstand nach DIN (in Vorbereitung) gemessen, in dB

S_{Tr} Fläche des trennenden Bauteils in m^2

S_0 Bezugsfläche in m^2 (für Wände z. B. $S_0 = 10 \text{ m}^2$)

l_n gemeinsame Kantenlänge zwischen dem trennenden und dem flankierenden Bauteil in m

l_0 Bezugslänge in m (für Wände z. B. $l_0 = 3$ m)

Bei raumabschließenden Bauteilen des Massivbaus ist die Auswertung der Gleichungen 33 und 34 im Regelfall unnötig, da hier der Anteil der Flankenübertragung bereits im Meßwert für R'_w (Messung mit „bauüblichen Nebenwegen") enthalten ist.

Für Skelettbauten aus Stahlbeton, Stahl oder Holz mit leichtem Ausbau ist jedoch das resultierende Schalldämm-Maß im Einzelfall auszurechnen. Die Anwendung der Gleichungen 33 und 34 setzt voraus, daß ausreichend gesicherte Werte für die Schalldämmung des trennenden Bauteils R_w und die Längsschalldämmungen der flankierenden Bauteile $R_{\text{L1w}}, R_{\text{L2w}}, \ldots R_{\text{Lnw}}$ vorliegen.

Die hierfür geltenden Rechenwerte sind für einige Bauteile in DIN 4109 Teil 7 und Teil 8 zusammengestellt (z. Z. in Vorbereitung). Für eine Vielzahl von Bauteilen liegen Meßwerte für R'_w vor. Die zugehörigen Werte für Messungen in einem Prüfstand ohne Nebenwege, also R_w, können daraus näherungsweise mit Hilfe eines Zuschlages Z bestimmt werden; Z ist in Tabelle 18 angegeben.

$$R_w = R'_w + Z \qquad (35)$$

Tabelle 18: Zuschläge Z für die rechnerische Bestimmung von R' aus Meßwerten für R'_w

R'_w (dB)	$\geqq 48$	$\geqq 50$	$\geqq 52$	$\geqq 54$
Z (dB)	1	2	3	4

Im folgenden sollen lediglich einige grundsätzliche Zusammenhänge zur Flankenübertragung zusammengestellt werden, die DIN 4109 Teil 2 entnommen wurden:

Zur Erzielung einer guten Luftschalldämmung zwischen benachbarten Räumen müssen nicht nur Trenndecke und Trennwand, sondern auch die flankierenden Bauteile entweder genügend schwer sein oder in geeigneter Weise zweischalig ausgebildet werden. Im einzelnen sind folgende Hinweise zu beachten:

Flankierende einschalige biegesteife Bauteile müssen eine flächenbezogene Masse haben, die von der Ausbildung des trennenden Bauteils — ob einschalig oder zweischalig —, von dessen flächenbezogener Masse und von der Höhe der geforderten Luftschalldämmung abhängt. Angaben zur flächenbezogenen Masse enthält DIN 4109 Teil 3.

Flankierende zweischalige Bauteile verringern die Flankenübertragung, wenn die innere (den Räumen zugewandte) Schale im akustischen Sinne biegeweich ist und gegenüber der äußeren Schale eine genügend tief liegende Eigenfrequenz hat.

Gebäudetrennfugen verringern die Flankenübertragung in horizontaler Richtung erheblich. Die Trennfuge muß sich über die gesamte Gebäudetiefe- und höhe (einschließlich der Kellerwände) erstrecken. Die beiden Wandschalen müssen eine flächenbezogene Masse von je ≥ 200 kg/m^2 haben. Dies ist auch erforderlich, um die Flankenübertragung in vertikaler Richtung zu begrenzen.

Bei Einfamilienreihenhäusern sollten stets Gebäudetrennfugen vorgesehen werden — auch wegen der Verringerung der Trittschall- bzw. Körperschallübertragung —.

Verstärkte Flankenübertragung entsteht, wenn an einschalige flankierende schwere Bauteile Dämmplatten mit hoher dynamischer Steifigkeit, z. B. Holzwolle-Leichtbauplatten, harte Schaumkunststoffplatten, unmittelbar anbetoniert und verputzt werden.

Ungeeignet zur Verringerung der Flankenübertragung sind stark belastete Dämmplatten als Auflager von Decken und Wänden oder zwischen Mauerwerksschichten. Die Verwendung solcher Platten, die aus bauakustischen Gründen weichfedernd sein müßten, ist auch aus baulichen Gründen unzweckmäßig.

Über leichten Trennwänden durchlaufende abgehängte Decken nach Abb. 37 a können durch Flankenübertragung die Schalldämmung ungünstig beeinflussen (Weg I). Dasselbe gilt für die Nebenwegübertragung durch den Hohlraum oberhalb der abgehängten Decke (Weg II), wenn dieser Weg nicht durch Abschottung oder durch Einlage von schallschluckenden Stoffen unterbrochen wird.

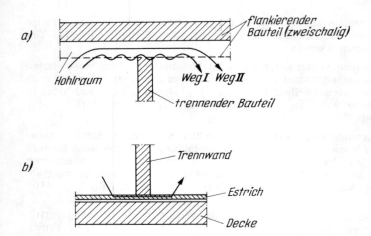

Abb. 37 Biegeweiche Vorsatzschale, z. B. Unterdecke und schwimmender Estrich, als flankierendes Bauteil: Schallübertragung auf Nebenwegen am trennenden Bauteil vorbei.

Unter leichten Trennwänden durchlaufende schwimmende Estriche nach Abb. 37 b verstärken die Flankenübertragung in horizontaler Richtung. Wenn keine Trennfuge im Estrich möglich ist, muß unter Umständen auf den schwimmenden Estrich verzichtet werden. Für die Trittschalldämmung gegenüber den darunterliegenden Räumen müssen dann entsprechend schwere Decken mit Deckenauflagen aus weichfedernden, nicht durchgehenden Bodenbeläge verwendet werden.

Im Gegensatz zum Luftschall wird beim Trittschall nur ein einziges Bauteil – die Decke – unmittelbar zu Schwingungen angeregt. Ein schwimmender Estrich oder weichfedernder Bodenbelag verringert die Anregung der Rohdecke und damit auch die Flankenübertragung.

Gebäudetrennfugen bewirken auch beim Trittschall eine weitgehende Unterdrückung der Flankenübertragung. Wenn durch sorgfältige Ausführung Schallbrücken vermieden werden, können auch ohne trittschalldämmende Deckenauflagen Trittschallschutzmaße von 10 bis 20 dB und mehr zwischen benachbarten Häusern erzielt werden.

Unter leichten Trennwänden durchlaufende schwimmende Estriche bewirken eine starke Trittschallübertragung in Horizontalrichtung. Unter Türen durchlaufende schwimmende Estriche müssen ebenso mit einer Trennfuge versehen werden, wenn Anforderungen an den Trittschallschutz gestellt werden, z. B. zwischen Fluren und Unterrichtsräumen.

Wegen ihrer besonderen Bedeutung für die Praxis des Massivbaus und zur Erläuterung und Absicherung der Aussagen im Abschnitt 4 wird die Tabelle 9 aus DIN 4109 Teil 3, Entwurf 1979, auszugsweise hier als Tabelle 19 und die Tabelle im Abschnitt 6.4.1 der DIN 4109 Teil 5, Entwurf 1979, hier als Tabelle 20 wiedergegeben.

Tabelle 19 gilt überwiegend für den „normalen" Geschoßbau, während Tabelle 20 Hinweise für die Gestaltung auch weit darüber hinaus gehender Anforderungen gibt.

Hinweise über die Konstruktion biegeweicher Vorsatzschalen enthält DIN 4109 Teil 3, dort Bild 5.

Flankierende zweischalige Bauteile aus biegeweichen Schalen verhalten sich bei richtiger Konstruktion (Frequenzanpassung, Hohlraumdämpfung, Abstände der tragenden bzw. aussteifenden Gerippe usw.) durchweg günstig und erlauben insbesondere bei Beachtung der in Abb. 38 dargestellten Anschlußkonstruktionen zwischen trennendem und fankierendem Bauteil Schalldämm-Maße bis R_w = 57 dB.

Bei flankierenden Bauteilen aus zwei biegesteifen Schalen gelten die Anforderungen der Spalte c für die unmittelbar mit der Trenndecke oder Trennwand verbundene flankierende Schale. Für die Anschlußkonstruktion ist zusätzlich folgendes zu beachten:

Die Anschlüsse müssen dicht sein, so daß eine unmittelbare Luftübertragung verhindert wird.

Biegesteife, schwere, massive Bauteile müssen an den Anschlußstellen fest (im akustischen Sinne biegesteif) miteinander verbunden sein, z. B. bei Mauerwerk und Plattenwänden durch Verzahnung.

Beim Anschluß trennender Bauteile an flankierende Bauteile mit biegeweichen Schalen auf der dem Raum zugekehrten Seite muß der Hohlraum hinter der biegeweichen Schale entweder durch Abschottung (s. Abb. 38 a) oder durch volle, mindestens 1 m breite Ausfüllung des Hohlraumes mit Faserdämmstoffen im Bereich der Anschlußstelle unterbrochen sein (s. Abb. 38 b).

Tabelle 19: Erforderliche Mindest-Ausbildung flankierende Bauteile zur Erreichung ausreichender Luftschalldämmung zwischen zwei Aufenthaltsräumen

Spalte	a	b	c	d	f 1	f 2
		Trennende Bauteile			Flankierende Bauteile	
Zeile	Art	Mindest-Anforderung, Richtwert bzw. Vorschlag für einen erhöhten Schallschutz R'_w dB	Einschalige, biegesteife Wand, flächenbezogene Masse kg/m²	Zweischalige Wand aus einer biegesteifen Schale mit den Aufenthaltsräumen zugewandter biegeweicher Vorsatzschale flächenbezogene Masse der biegesteifen Wandschale kg/m²	Massivdecke ohne eine(r) den Aufenthaltsräumen zugewandte(n) Vorsatzschale²), flächenbezogene Masse der Massivdecke kg/m²	Massivdecke mit eine(r) den Aufenthaltsräumen zugewandte(n) Vorsatzschale²), flächenbezogene Masse der Massivdecke kg/m²
1	Massivdecke	52	≧ 100			
2		55	≧ 250¹)	≧ 100	—	—
3		57	≧ 350¹)			
4	Holzbalken-decke	52	≧ 350	≧ 100	—	—
5		55				
6		37	≧ 85	—		
7		42				
8		47				
9	Einschalige, biegesteife Wand	49	≧ 100	≧ 100	≧ 300	≧ 100
10		52				
11		55	≧ 250	≧ 100	≧ 350	
12		57	≧ 350			

Zeile	Wandart	R'w	flächenbezogene Masse der Wand		flächenbezogene Masse der flankierenden Wände	flächenbezogene Masse der Decken
13	Zweischalige Wand aus zwei biegesteifen Schalen nach	57		≥ 85	≥ 300	≥ 100
		67			≥ 350	
14	Zweischalige Wand aus einer biegesteifen Schale mit biegeweicher Vorsatzschale	37	≥ 85	≥ 85	≥ 300	≥ 100
15		42	≥ 150	≥ 100		
16		47	≥ 200			
17		49	≥ 250			
18		52				
19		55	≥ 350		≥ 350	
20		57	≥ 350			
21	Zweischalige Wand aus zwei biegeweichen Schalen	37	≥ 150	≥ 100	≥ 300	≥ 100
22		42	≥ 200			
23		47	≥ 250			
24		49			≥ 350	
25		52	≥ 350			
26		55				

¹) Von den vier flankierenden Wänden darf eine Wand einschließlich etwaigen Putz eine flächenbezogene Masse von ≥ 100 kg/m² haben.

²) Z. B. schwimmender Estrich bzw. untergehängte, biegeweiche Schale.

Tabelle 20: Beispiele für trennende und flankierende Bauteile bei neben- bzw. übereinanderliegenden Räumen mit Anforderung an das bewertete Schalldämm-Maß R'_w der trennenden Bauteile von 57 bis 77 dB

Spalte	1	2	3	4
Zeile	Anforderung an R'_w dB	Lage der Räume	Trennende Bauteile (Wände, Decken)	Flankierende Bauteile beiderseits der trennenden Bauteile
1.1	≥ 57	nebeneinanderliegend	Einschalige biegesteife Wand $g \geq 550$ kg/m²	a) Einschalige biegesteife Wand $g \geq 350$ kg/m² b) Biegesteife Schale $g \geq 100$ kg/m² mit biegeweicher Vorsatzschale[1]) c) Vollbetonplattendecke $d \geq 160$ mm
1.2			Zweischalige Wand aus einer schweren biegesteifen Schale $g \geq 400$ kg/m² mit biegeweicher Vorsatzschale auf einer Seite[1])	
1.3		übereinanderliegend	Vollbetonplattendecke $d \geq 180$ mm mit schwimmendem Estrich[2])	nach Zeile 1.1 und 1.2 a) und b)
2.1			Zweischalige Wand mit durchgehender Gebäudetrennfuge[3]), flächenbezogene Masse jeder Schale $g \geq 200$ kg/m²	keine Anforderungen

2.2	≥ 62	nebeneinanderliegend	Dreischalige Wand aus einer schweren biegesteifen Schale $g \geq 470$ kg/m² mit je einer biegeweichen Vorsatzschale auf beiden Seiten[1]	a) Einschalige biegesteife Wand $g \geq 400$ kg/m² b) Biegesteife Schale $g \geq 100$ kg/m² mit biegeweicher Vorsatzschale[1] c) Vollbetonplattendecke $d \geq 180$ mm
2.3		übereinanderliegend	Vollbetonplattendecke $d \geq 220$ mm mit schwimmendem Estrich[2] und untergehängter Decke[4]	nach Zeile 2.2, a) und b)
3.1	≥ 67		Zweischalige Wand mit durchgehender Gebäudetrennfuge[3], flächenbezogene Masse jeder Schale $g \geq 300$ kg/m²	keine Anforderungen
3.2		nebeneinanderliegend	Dreischalige Wand aus einer schweren biegesteifen Schale $g \geq 700$ kg/m² mit je einer biegeweichen Vorsatzschale auf beiden Seiten[1]	a) Einschalige biegesteife Wand $g \geq 450$ kg/m² b) Biegesteife Schale $g \geq 100$ kg/m² mit biegeweicher Vorsatzschale[1] c) Vollbetonplattendecke $d \geq 180$ mm
3.3		übereinanderliegend	Vollbetonplattendecke $d \geq 350$ mm mit schwimmendem Estrich[2] und untergehängter Decke[4]	nach Zeile 3.2, a) und b)

(Fortsetzung)

Spalte	1	2	3	4
Zeile	Anforderung an R'_w dB	Lage der Räume	Trennende Bauteile (Wände, Decken)	Flankierende Bauteile beiderseits der trennenden Bauteile
4.1	≥ 72	nebeneinanderliegend	Zweischalige Wand mit durchgehender Gebäudetrennfuge³) flächenbezogene Masse jeder Schale bei $R_w \geq 72$ dB: $g \geq 400$ kg/m², bei $R_w \geq 77$ dB: $g \geq 500$ kg/m²	keine Anforderungen
4.2	≥ 77	nebeneinanderliegend	Bei übereinanderliegenden Räumen können dieser hohen Anforderungen in der Regel nicht erfüllt werden. Es wird empfohlen, durch eine günstigere Grundrißplanung zu verhindern, daß Aufenthaltsräume baulich mit derart lauten Räumen verbunden sind. Dies empfiehlt sich auch im Hinblick auf den erhöhten Außenlärm, der mit der Nutzung solcher lauten Räume verbunden ist.	

[1]) Nach DIN 4109 Teil 3 (z. Z. noch Entwurf), Bild 5 und Tabelle 8, jeweils auf der Innenseite der beiden betrachteten Räume angebracht.

[2]) Nach DIN 4109 Teil 3 (z. Z. noch Entwurf), Tabelle 2.

[3]) Nach DIN 4109 Teil 3 (z. Z. noch Entwurf), Bild 4, Fugenbreite 40 mm.

[4]) Nach DIN 4109 Teil 3 (z. Z. noch Entwurf), Bild 1.3.1.

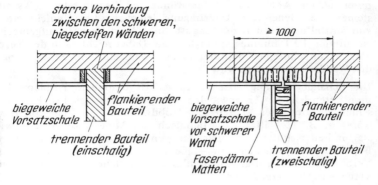

starre Verbindung
zwischen den schweren,
biegesteifen Wänden

≥ 1000

biegeweiche
Vorsatzschale

flankierender
Bauteil

trennender Bauteil
(einschalig)

biegeweiche
Vorsatzschale
vor schwerer
Wand
Faserdämm-
Matten

flankierender
Bauteil

trennender Bauteil
(zweischalig)

*Abb. 38   Verminderung der Schallübertragung über die Abb. 37 gezeigten Ne-
benwege I und II durch Abschottung des Hohlraumes bzw. durch Einbau einer
schallschluckenden Einlage in den Hohlraum in Verbindung mit einer Unter-
brechung der durchgehenden Vorsatzschale.*

3.2 Übertragung über Undichtheiten, Schächte und Kanäle

uftschall wird in besonderem Maße durch offene Luftkanäle, die
:nde- und Empfangsraum verbinden, übertragen, da hier die sonst
ɔtwendige Umsetzung in Körperschall entfällt. Wie stark die Luft-
:halldämmung schon durch kleine Poren und kleinste Luftspalte
ι gemauerten oder aus haufwerkporigen Betonen hergestellten
nverputzten Wänden gesenkt wird, zeigt das von *Gösele* in [5]
ngegebene Beispiel in Tabelle 21.

abelle 21:   Bewertetes Schalldämm-Maß von Trennwänden in unverputztem
und verputztem Zustand [5]

Bauteil	R_W in dB	
	unverputzt	verputzt
24 cm Hochlochziegel	50	54
25 cm Schüttbeton	11	53
24 cm Hohlblocksteine aus Bimsbeton	16	49
20 cm Gasbetonplatten Geschoßhoch	45	47

asbetonplatten besitzen in unverputztem Zustand eine vergleichs-
eise hohe Dämmung, weil diese Platten allseitig geschlossene Luft-

poren haben. Ähnliches gilt für Wände aus Ziegeln oder Kalksand-
steinen, bei denen die Übertragung lediglich über Undichtheiten
von Mörtelfugen von Bedeutung ist. Sobald ein Verputz aufgebracht
ist, nimmt die Dämmung sprunghaft zu. Dabei reicht es in der Regel
vom schalltechnischen Standpunkt aus, wenn nur eine Seite der beiden Wandseiten verputzt wird.

Die Schallübertragung über Fugen schafft besondere Probleme bei
montierten leichten Trennwänden oder gar bei beweglichen Raumab-
schlüssen, wie Türen, Toren und Mobilwänden oder Fenstern. Hier
wären z. B. Türblätter aus Stahlblech mit Mineralfasereinlage, wie
sie für Feuerschutztüren verwendet werden, in der Lage, bei dichten
Fugen bewertete Schalldämm-Maße von ca. 40 dB zu erreichen. In
Verbindung mit einfachen Stahlzargen erreichen die begehbaren
Türen dagegen kaum 20 dB.

Undichtheiten entstehen vor allem an den Bauteilanschlüssen am
Fußboden, z. B. an der Türschwelle oder beim Aufsetzen einer Wand
auf einem durchgehenden Teppichboden, oder an der Decke oder
den seitlichen Rändern. Öffnungen nahe den Raumkanten oder gar
einer Raumecke erhöhen hier besonders den Pegel im Empfangsraum
und sind daher besonders unerwünscht.

Undichtheiten an Fugen und Schlitzen machen sich besonders durch
eine Absenkung der Schalldämmung bei hohen Frequenzen bemerkbar.

Planmäßige und damit unvermeidbare Luftverbindungen zwischen
verschiedenen Räumen entstehen beim Einbau von Schächten und
Kanälen für Heizung und Lüftung. In Bürogebäuden werden Trennwände mitunter nur bis zu einer untergehängten Unterdecke geführt.
Der Deckenhohlraum bleibt zur Führung der Installation unaufge-
teilt und stellt in Verbindung mit den Fugen der Unterdecke ebenfalls eine Art von Kanal dar.

Die Schallübertragung von Raum zu Raum über Schächte und Kanäle
ist um so geringer

a) je weiter die Schacht- oder Kanalöffnungen auseinander liegen,

b) je kleiner der Schachtquerschnitt und die Öffnungsquerschnitte
   sind,

c) je größer die Schallschluckung der Innenwände des Schachtes ist.
   Sie sorgt dafür, daß der durch den Schacht laufenden Schallwelle
   längs ihres Weges Energie entzogen wird, so daß an den dem Nach-
   barraum zugewandten Öffnungen nur noch Schall verminderter
   Leistung ankommt (Prinzip des Schalldämpfers). Mit c steht in
   Zusammenhang:

d) je größer das Verhältnis von Umfang zur Fläche des Schacht-
querschnittes ist (ein Querschnitt von der Form eines flachen
Rechteckes ist schalltechnisch günstiger als ein quadratischer
Querschnitt).

Einige Angaben zur schalltechnischen Ausbildung von Schächten für
Lüftungsanlagen sind in DIN 4109 Teil 3 enthalten. Danach können,
falls die Schalldämmung der Decken als Folge der Nebenwegübertragung nicht unter 52 dB bis 55 dB absinken soll, Sammelschächte
ohne Nebenschächte in jedem Geschoß einen Anschluß enthalten,
wenn der Schachtwerkstoff genügend schallschluckend ist, z. B.
wie bei unverputztem Mauerwerk, offenporigem Leichtbeton u. a.,
der Schachtquerschnitt höchstens 270 cm² (z. B. 13,5 cm X 20 cm)
und die Lufteinlaßfläche nur höchstens 60 cm² beträgt. Liegt die
Lufteinlaßfläche über 60 cm², aber nicht über 180 cm², so darf
ein wie oben beschriebener Schacht Öffnungen nur in jedem zweiten
Geschoß besitzen. Bei anderen Ausführungen ist jeweils ein Brauchbarkeitsnachweis durch Eignungsprüfung erforderlich, wenn nicht
Einzelschachtanlagen gebaut werden, die von einem Raum über Dach-
geführt werden, ohne in anderen Geschossen Öffnungen zu besitzen.

Bei Einzelschachtanlagen mit sehr dünnen Wänden müssen zusätzliche
Vorkehrungen gegen die Schallübertragung von Schacht zu Schacht
getroffen werden.

Die Schallübertragung über den Hohlraum von Decken mit durchgehenden Unterdecken ist in [67] untersucht worden. Dort ist in An-
lehnung an DIN 52 217 [50] ein Längsdämm-Maß R_L hierfür eingeführt worden.

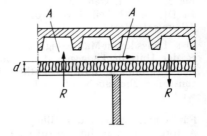

Abb. 39   Prinzipielles zur Schallübertragung über den Hohlraum zwischen Roh-
und Unterdecke. R Schalldämmung der Unterdecke allein, A im Hohlraum vorhandene Absorption, d Dicke der schallschluckenden Auflage der Unterdecke.

Für die Größe der Schallübertragung sind, wie Abb. 39 zeigt, folgende Einflüsse von Bedeutung:

a) der Schalldurchgang vom Senderaum durch die Verkleidung zum Deckenhohlraum, der durch das Schalldämm-Maß R der Verkleidung bestimmt wird;

b) die im Hohlraum vorhandene Absorption, die einerseits den im Hohlraum über dem Senderaum entstehenden Schallpegel und andererseits die Fortwanderung der Schallenergie über den Empfangsraum beeinflußt;

c) der Schalldurchgang vom Hohlraum in dem Empfangsraum, der ebenfalls durch das Schalldämm-Maß R der Verkleidung bestimmt wird.

Das Längsdämm-Maß R_L ist damit näherungsweise für eine konstante Abhängetiefe darstellbar in der Form

$$R_L = 2R + f(\alpha) \tag{33}$$

wobei $f(\alpha)$ eine Funktion des Schallabsorptionsgrades α der eingebrachten Absorptionsschicht bedeutet. Da für solche Zwecke meist ein relativ lockerer Mineralfilz derselben Art verwendet wird, kann man statt α auch die Dicke d der Mineralfaserschicht als kennzeichnend einführen.

In Abb. 40, nach [67], ist das bewertete Längsdämm-Maß $R_{L,w}$ für drei unterschiedliche Deckenverkleidungen als Funktion der Dicke der auf die Verkleidung aufgelegten Mineralfaserschicht dargestellt. Durchschnittlich steigt also das bewertete Längsdämm-Maß um 2 bis 2,5 dB an, wenn die Mineralfaserschicht um 1 cm erhöht wird. In DIN 4109 Teil 3 wird daher eine Schichtdicke von mindestens 10 cm gefordert.

Das Längsdämm-Maß steigt auch rasch mit dem Schalldämm-Maß R der Unterdecke gegen den Hohlraum an. Letzteres wird wesentlich bestimmt durch die Dichtheit der Unterdecke (z. B. an den Plattenstößen aber auch auf der Plattenfläche) und durch das Flächengewicht.

Für einige Anwendungsfälle ergeben sich hier fast unvereinbare Anforderungen an die Baustoffe der Unterdecke:

a) Montierbarkeit und Zugänglichkeit der Installationen im Hohlraum führen zu Fugen.

b) Hohe Absorptionsfähigkeit der Decke zur Steuerung der Raumakustik kann nur mit offenporigen Platten erreicht werden, die eine nur geringe Schalldämmung gegen den Hohlraum zulassen.

118

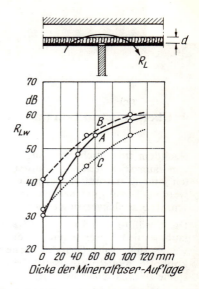

Abb. 40 Bewertetes Schall-Längsdämm-Maß R_{Lw} von Unterdecken in Abhängigkeit von der Dicke d der auf die Verkleidung aufgelegten Mineralfaserschicht. A, B, C Deckenverkleidungen aus verschiedenen Materialien.

So hilft in Fällen hoher Anforderungen an die Längsdämmung doch nur die Abschottung des Hohlraumes oberhalb der Trennwände analog Abb. 38 b. Es muß in voller Höhe des Deckenhohlraumes ein wenigstens 1 m dicker „Pfropf" aus Faserdämmstoffen eingebaut werden.

4 Über Konstruktion und Ausführung ausgewählter Bauteile

Nachdem im Abschnitt 3 die Grundzüge des akustischen Verhaltens von raumabschließenden Bauteilen allgemein dargestellt wurden, sollen jetzt Konstruktionsbeispiele für verschiedene Bauteile besprochen werden. Dabei muß naturgemäß häufig auf die Ausführungen im Abschnitt 3 zurückverwiesen werden.

Die gewählte, quasi doppelte Darstellung ein- und derselben Dinge erlaubt es dem Leser je nach dem Ausgangspunkt seiner Interessen entweder, sich in das Grundsätzliche zu vertiefen (Abschnitt 3) oder für konkrete Konstruktionsaufgaben auch rezeptartige Ausführungsbeispiele zu erhalten (Abschnitt 4).

Der folgende Abschnitt enthält Beispiele für die Konstruktion von Decken, Treppen, Wänden sowie Türen und Fenstern.

4.1 Geschoßdecken

Geschoßdecken in größeren Gebäuden mit Aufenthaltsräumen (Wohngebäude, Geschäftshäuser, Schulen usw.) müssen im Regelfall in drei Richtungen schalltechnisch betrachtet werden: Neben die Luft- und Trittschalldämmung tritt die Flankendämmung.

4.1.1 Massive Decken

Besondere Bedeutung haben sowohl im Mauerwerksbau als auch im Stahlbeton- oder Stahlskelettbau die Massivdecken, insbesondere die Stahlbetonvollplatten, auch Gasbetonplatten, Massivdecken mit Hohlräumen (Zwischenbauteile, Hohldielen) und die Stahlbetonrippendecken. Akustisch wesentliche Bestandteile anderer Deckentypen, wie Stahlträgerdecken, Plattenbalken, Stahltrapezbleche mit Aufbeton bis hin zu einigen Holzbalkendecken, sind ebenfalls massive Bauteilschichten.

Alle derartigen Decken können die nach DIN 4109 Teil 2 erforderliche Trittschalldämmung nur erreichen in Verbindung mit Deckenauflagen, also entweder einem schwimmenden Estrich oder einem weichfedernde Gehbelag. Der schwimmende Estrich läßt die Decke prinzipiell zu einem zweischaligen Bauteil werden, das zusätzlich eine verbesserte Luftschalldämmung gegenüber der einschaligen Rohdecke besitzt.

Eine gewisse Standardkonstruktion für Decken ist zweifellos eine Stahlbetonvollplatte von 15 cm Dicke, die die im Wohnungsbau üblichen Spannweiten abdeckt. Sie besitzt aufgrund der angenommenen Trockenrohdichte von 2 200 kg/m^3 schon ohne Putz eine flächenbezogene Masse von 350 kg/m^2. Das bewertete Schalldämm-Maß R'_w kann für dieses einschalige Bauteil aus Abb. 24 b abgelesen werden: R'_w = 52 dB. Diese Decke erfüllt also ohne Zusatzmaßnahmen bereits die aufgrund der Normausgabe 1962/63 erforderlichen Luftschallanforderungen. Weiterhin zeigt Tabelle 19, Spalte f_1, daß eine derartige Deckenplatte auch unkritisch als flankierendes Bauteil der angrenzenden Trennwände im Bereich normaler Anorderungen (DIN 4109 Teil 2) ist. Für den Fall, daß keine höhere Anforderung an die Luftschalldämmung gestellt wird, muß die genannte Deckenplatte lediglich einen weichfedernden Bodenbelag erhalten, der das Trittschallschutzmaß von im Regelfall 10 dB zu erreichen gestattet. Da im vorliegenden Fall von TSM_{eq} = − 10 dB auszugehen ist (s. Abb. 26), muß das Verbesserungsmaß aufgrund Gleichung 25 mindestens VM = 20 dB betragen. Die Verbesserungsmaße einiger Bodenbeläge sind in Tabelle 22, entnommen aus DIN 4109 Teil 3, Entwurf 79, angegeben.

Natürlich sei nicht verkannt, daß solche Bodenbeläge aus ganz anderen als akustischen Gründen problematisch sind: Sie werden ja jeweils unbedingt notwendiger Bestandteil einer Deckenkonstruktion und dürfen nicht beliebig vom Mieter oder Betreiber des Gebäudes entfernt oder ausgetauscht werden, wenn sie schmutzig geworden sind oder nicht mehr dem Zeitgeschmack entsprechen. Wer soll denn wohl die Verantwortung dafür übernehmen, daß ein später erneuerter Bodenbelag wiederum ein ausreichendes Verbesserungsmaß besitzt?

So wird man sich im Regelfall entschließen, statt des Bodenbelages einen schwimmenden Fußboden, z. B. einen schwimmenden Estrich oder einen schwimmenden Holzfußboden, mit ausreichend hohem Verbesserungsmaß, insbesondere $VM \geqslant$ 20 dB, einzubauen. Die Verbesserungsmaße VM von Estrichen können Abb. 34 entnommen werden. Abb. 41 zeigt zusätzlich zwei „trocken einzubauende" schwimmende Holzfußböden, die auch für die Althaussanierung geeignet sind, mit Verbesserungsmaßen von 24 bzw. 25 dB.

Durch den Einbau eines der genannten schwimmenden Fußböden wird gleichzeitig das bewertete Schalldämm-Maß auf $R'_w \geqslant$ 57 dB angehoben, so daß damit die Anforderungen auch des erhöhten Schallschutzes erfüllt sind.

Tabelle 22: Beispiele für Deckenauflagen von Massivdecken, die die Trittschall-dämmung verbessern

Spalte	a	b
Zeile	Deckenauflagen; weichfedernde Bodenbeläge[1])	VM[1]) dB
1	Linoleum-Verbundbelag nach DIN 18 173	14[2])
2	PVC-Beläge	
2.1	PVC-Beläge mit genadeltem Jutefilz als Träger nach DIN 16 952 Teil 1	13[2])
2.2	PVC-Beläge mit Korkment als Träger nach DIN 16 952 Teil 2	16[2])
2.3	PVC-Beläge mit Unterschicht aus PVC-Schaumstoff nach DIN 16 952 Teil	16[2])
2.4	PVC-Beläge mit Synthesefaser-Vliesstoff als Träger nach DIN 16 952 Teil 4	13[2])
3	Textile Bodenbeläge	
3.1	Nadelvlies unbeschichtet[3]), Dicke $\geqq$ 4 mm	15
3.2	Polteppiche[3])	
3.2.1	Schnittpol (Velours)	
3.2.1.1	mit einfachem Rücken	20
3.2.1.2	mit Schaumbeschichtung Dicke $\geqq$ 2 mm	23
3.2.1.3	verspannt, auf textiler Unterlage Dicke $\geqq$ 6 mm	28
3.2.2	Schlingenpol	
3.2.2.1	mit einfachem Rücken	17
3.2.2.2	mit Schaumbeschichtung Dicke $\geqq$ 2 mm	20
3.2.2.3	verspannt, auf textiler Unterlage Dicke $\geqq$ 6 mm	26

1) Die Bodenbeläge müssen durch Hinweis auf die jeweilige Norm gekenn-zeichnet sein. Das maßgebliche Verbesserungsmaß VM muß auf dem Erzeugnis angegeben sein.
2) Die in den Zeilen 1 und 2 angegebenen Werte sind Mindestwerte aus den entsprechenden Normen DIN 18 173 und DIN 16 952 Teil 1 bis Teil 4; sie gelten nur für aufgeklebte Bodenbeläge.
3) Entsprechende Normen sind in Vorbereitung.

In vielen Fällen wird man aus statischen oder konstruktiven Gründen oder wegen der Wahl anderer Baustoffe von dem hier geschilderten Standardfall abweichen wollen. Bei Rippendecken oder Plattenbalken ist zu beachten, daß R'_w und TSM_{eq} in Abhängigkeit von der flächen-bezogenen Masse lediglich ohne Berücksichtigung der Rippen oder

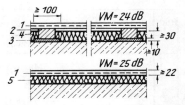

Abb. 41 Beispiele für trocken einzubauende schwimmende Holzfußböden. 1
*Spanplatte DIN 68 763, 2 Lagerholz, 3 Dämmstoffstreifen DIN 18 164 Teil 2
oder DIN 18 165 Teil 2 [27] mit der dyn. Steifigkeit $s' \leqslant 30$ MN/m³, 4 Faserdämmstoff DIN 18 165 Teil 1 [26] mit $5 \cdot 10^3 \leqslant \Xi \leqslant 50 \cdot 10^3$ Ns/m⁴, 5 Faserdämmstoff DIN 18 165 Teil 2 mit $s' \leqslant 10$ MN/m³.*

Balken bestimmt werden dürfen. Es zählt also nur die meist dünne
Platte. So trifft man bei derartigen Konstruktionen mitunter nur Massen von 155 kg/m² (70 mm Dicke) an. Auch bei Massivdecken mit
Hohlräumen, z. B. Stahlsteindecken oder bei Strahltrapezblechdecken
mit Aufbeton oder gar bei Gasbetonplatten ergeben sich wesentlich
geringere Massen als bei der hier genannten Standarddecke.

Beim Unterschreiten einer flächenbezogenen Masse von 295 bis
300 kg/m² kann auch mit schwimmendem Estrich zunächst das bewertete Luftschalldämm-Maß von $R'_w = 55$ dB nicht mehr erreicht
werden. Eine solche leichte Decke kann dann nur noch mit Hilfe einer
unterseitig angebrachten biegeweichen Unterdecke nach Abb. 42 im
notwendigen Umfang verbessert werden. (Die bisherige Anforderung
der Ausgabe 1962/63 von DIN 4109 Teil 2 von $R'_w = 52$ dB kann dagegen auch ohne Unterdecke erreicht werden. Bei bauaufsichtlicher
Einführung der in Tabelle 8 genannten Anforderungen wird damit eine
Unterdecke eine weit verbreitete Konstruktion werden müssen.)

Leichte Decken, die mit einer Unterdecke wirksam verbessert wurden,
haben auch eine ausreichend hohe Längsschalldämmung (s. Tabelle 19,
Spalte f_2).

Für Deckenkonstruktionen mit größerem Flächengewicht als dem hier
genannten Standardfall ergibt sich zunächst vor allem ein günstigeres
äquivalentes Trittschallschutzmaß *TSM*_eq, so daß ggf. billigere Dämmschichten oder leichtere Estrichplatten verwendet werden können
(s. Abb. 34).

Weitere Einzelheiten der hier nur qualitativ dargestellten Zusammenhänge siehe DIN 4109 Teil 3, Tabelle 1, auf deren Wiedergabe in der
z. Z. vorliegenden Entwurfsfassung − angesichts der Einsprüche auch
zu deren äußerer Form − verzichtet wird.

Bild	Deckenausbildung
	Massivdecken mit biegeweicher Unterdecke

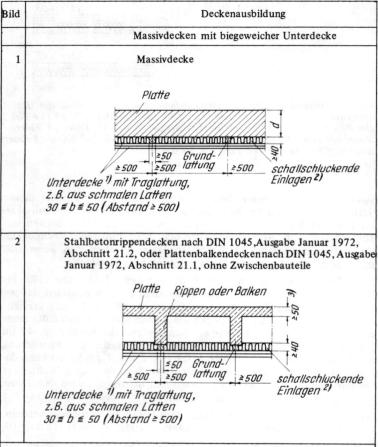

Bild	Deckenausbildung
1	Massivdecke

Platte

d

≥50 *Grund-lattung* ≥500

≥ 500 ≥500

schallschluckende Einlagen [2]

Unterdecke [1] *mit Traglattung, z.B. aus schmalen Latten 30 ≤ b ≤ 50 (Abstand ≥ 500)*

| 2 | Stahlbetonrippendecken nach DIN 1045, Ausgabe Januar 1972, Abschnitt 21.2, oder Plattenbalkendecken nach DIN 1045, Ausgabe Januar 1972, Abschnitt 21.1, ohne Zwischenbauteile |

Platte Rippen oder Balken

≥50 [3]

≥40

≤50 *Grund-lattung* ≥500

≥ 500 ≥500

schallschluckende Einlagen [2]

Unterdecke [1] *mit Traglattung, z.B. aus schmalen Latten 30 ≤ b ≤ 50 (Abstand ≥ 500)*

1) z. B. Rohrgewebe und Putz; Gipsbetonplatten nach DIN 18 180, Dicke 12,5 oder 15 mm.

2) Im Hohlraum sind schallschluckende Einlagen vorzusehen, z. B. Faserdämm-Matten nach DIN 18 165 Teil 1, Typ WZ-w oder W-w, Nenndicke 40 mm, längenbezogener Strömungswiderstand $5 \cdot 10^3 \leq \Xi \leq 50 \cdot 10^3$ N · s/m⁴

3) Gilt für Stahlbetonrippendecken; bei Plattenbalkendecken $\geq$ 70 mm

Abb. 42   Konstruktion einer biegeweichen Unterdecke (nach DIN 4109 Teil 3 [18]) zur schalltechnischen Verbesserung von Massivdecken. Wegen der Wirksamkeit s. Abb. 31.

4.1.2 Holzbalkendecken

Die in Abb. 43 dargestellt „klassische" Holzbalkendecke besitzt eine heute völlig unbefriedigende Luft- und Trittschalldämmung (R_w = 45 dB, TSM = $-$ 4 dB als typische Werte). Dies liegt daran, daß der Schall über die relativ starren Verbindungen auf dem Weg A unmittelbar von der oberen Schicht aus Holzwerkstoffen, z. B. Fußbodenbrettern, auf die untere Deckenverkleidung, z. B. hängende Putzdecke, übertragen wird. Das auf diesem Wege wirksame Flächengewicht ist für eine hohe Schalldämmung unzureichend; der Einschubboden mit der aufliegenden Füllung bleibt akustisch unwirksam. Bei neueren Holzbalkendecken-Konstruktionen muß vor allem für eine Abkopplung der unterseitigen Verkleidung von den Balken gesorgt werden. Die wirksamste Methode der akustischen Trennung besteht im Einbau gesonderter Traghölzer für die Verkleidung. In den meisten Fällen reicht aber auch die Verwendung einer Anschlußkonstruktion gemäß Abb. 44 aus, bei der die Verkleidung mittels Federbügel und Latten an den Balken befestigt wird.

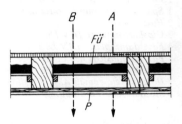

Abb. 43 „Alte" Holzbalkendecken mit Einschub und Füllung FÜ sowie unterseitiger Lattung, Putz und Putzträger P. A und B bezeichnen zwei prinzipiell unterschiedliche Schallübertragungswege.

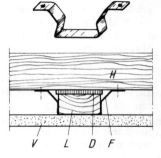

Abb. 44
Federnde Aufhängung einer Verkleidung V an Holzbalken H mit Hilfe von Federbügeln F und ggf. zwischengelegten Dämmstoffstreifen D. Die Aufhängung hat das Ziel, die Verkleidung von den Holzbalken akustisch abzukoppeln.

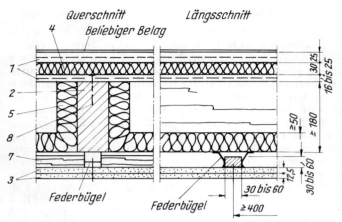

Abb. 45   Beispiel einer Holzbalkendeckenkonstruktion mit R'_w = 55 dB und TSM = 10 dB (nach DIN 4109 Teil 3 [18]).
1 Spanplatte gespundet oder mit Nut und Feder,
2 Holzbalken,
3 Gipskartonplatte DIN 18 180,
4 Faserdämmplatte DIN 18 165 Teil 2 [27], dyn. Steifigkeit $s' \leqslant 15$ MN/m³.
5 Faserdämmstoff nach DIN 18 165 Teil 1 [26], längenspezifischer Strömungswiderstand $5 \cdot 10^3 \leqslant \Xi \leqslant 50 \cdot 10^3$ Ns/m⁴,
7 Holzplatten, gemäß Abb. 44 ohne unmittelbaren Kontakt zum Balken befestigt,
8 mechanische Verbindungsmittel (keine Verleimung).

Bei Abkopplung wird Schall im wesentlichen auf dem Weg B in Abb. 43 übertragen, der vor allem für eine verbesserte Luftschalldämmung sorgt, vor allem dann, wenn die unterseitige Deckenverkleidung nicht zu leicht gewählt wird, insbesondere 2 Lagen 12,5 mm Gipskartonplatten oder 2 Lagen 16 mm Spanplatten.

Eine gute Trittschalldämmung ist bei Holzdecken überwiegend durch schwimmend verlegte Fußböden erreichbar. Der Einsatz weichfedernder Bodenbeläge ist hier nicht so wirksam, da Holzbalkendecken einen typisch anderen Frequenzverlauf des Trittschallpegels aufweisen als Massivdecken.

Besonders wirksam sind schwimmende Böden, wenn die über den Balken liegenden Schichten ausreichend schwer sind. Nur so kann bei den zur Verfügung stehenden dynamischen Steifigkeiten der Dämmschichten ein ausreichend tief abgestimmtes zweischaliges System erhalten werden (s. zum Vergleich auch Abb. 32). Als Beschwerung ist trockner Sand vorgeschlagen worden. Praktischer sind jedoch Betonplatten oder Betonsteine, wie sie als Pflaster für Gehwege im Straßenbau ver-

126

wendet werden, in Dicken von 40 mm oder mehr, die bei Verlegung auf dünner Filzpappe zusätzlich eine recht geringe Biegesteifigkeit aufweisen.

Für besonders hohe Schallschutzanforderungen können auch schwimmende Estriche verwendet werden, bei denen sich das gegenüber Holzwerkstoffen hohe Flächengewicht der lastverteilenden Platte zusätzlich günstig auswirkt.

Als ein Standardfall für eine Holzbalkendecke soll die Konstruktion nach Abb. 45 hier wiedergegeben werden, jedoch sind in den Veröffentlichungen des Informationsdienstes der Arbeitsgemeinschaft Holz, Düsseldorf, eine Vielzahl weiterer Konstruktionsbeispiele zu finden, bei denen fallweise die untere Deckenverkleidung, die obere Abdeckung der Balken, die Art und Größe der zusätzlichen Beschwerung oder die Art des Fußbodens variiert wird. Bei richtiger Kombination der Schichten können mit Holzbalkendecken auch Werte bis zu etwa R'_w = 65 dB (natürlich bei unterdrückter Flankenübertragung) und TSM = 20 dB erreicht werden.

Die Schalldämmwerte bei Abb. 45 gelten für Massivbauten. Holzbalkendecken in Holzhäusern (DIN 4109 Teil 8) weisen wegen der geringeren Flankenübertragung eine noch bessere Schalldämmung auf.

4.2 Treppen und Treppenpodeste in Treppenräumen

In der Baupraxis werden heute fast ausschließlich massive Baustoffe für Treppenpodeste und Treppenläufe verwendet. Die Verwendung von brennbaren Baustoffen oder ungeschütztem Stahl ist wegen der Brandschutzvorschriften stark eingeschränkt.

Schallschutzanforderungen müssen Treppen hinsichtlich der Trittschalldämmung gegen horizontale oder schräge Schallausbreitung in die angrenzenden Aufenthalträume erfüllen (s. Tabelle 8, Fußnote 6). Die Bemessung des Trittschallschutzmaßes erfolgt nach Gleichung 25 aus äquivalentem Trittschallschutzmaß TSM_{eq} und Verbesserungsmaß VM.

Wegen der nur für die flankierenden Bauteile erfolgenden Schallübertragung weisen Treppenpodeste und Treppenläufe wesentlich höhere Werte für TSM_{eq} auf als Rohdecken gleicher flächenbezogener Masse. Zahlenwerte für 12 cm dicke Stahlbetonpodeste und 12 cm dicke Treppenläufe mit Betonstufen sind in Tabelle 23 zusammengestellt (nach DIN 4109 Teil 3, Entwurf 1979).

Tabelle 23: Äquivalente Trittschallschutzmaße TSM_{eq} von massiven Treppenläufen und -podesten aus 12 cm Stahlbeton unter Berücksichtigung der vorhandenen Treppenraumwand.

Spalte	a	b
Zeile	Treppe und Treppenraumwand	TSM_{eq} dB
1	Treppenpodest mit einschaliger, biegesteifer Treppenraumwand (flächenbezogene Masse ≥ 480 kg/m²) fest verbunden	-3
2	Treppenlauf mit einschaliger, biegesteifer Treppenraumwand (flächenbezogene Masse ≥ 480 kg/m²) fest verbunden	$+2$
3	Treppenlauf von einschaliger, biegesteifer Treppenraumwand abgesetzt	$+5$
4	Treppenpodest an Treppenraumwand mit durchgehender Gebäudetrennfuge	$\geq +7$
5	Treppenlauf an Treppenraumwand mit durchgehender Gebäudetrennfuge	$\geq +12$

Zur Einhaltung der in DIN 4109 Teil 2, Entwurf 1979, geforderten Mindestwerte (TSM = 10 dB) sind verbessernde Maßnahmen vor allem auf den Treppenpodesten erforderlich (z. B. $VM \geq 13$ dB). Dies erfordert ein Umdenken vielerorts eingefahrener Gleise.

Treppenpodeste werden wohl künftig schwimmend verlegte Steinfußböden/Fliesen erhalten müssen, die mit einer wirksamen Fuge unter der Wohnungsabschlußtür vom Estrich im Wohnungsflur getrennt werden müssen. Für den Belag der Treppenstufen mit Fertigteilen aus Kunst- oder Natursteinen gibt es dagegen noch kaum Ausführungsbeispiele, die eine ausreichende Trittschalldämmung nachgewiesen haben. Ein Ausweg könnten weichfedernde Bodenbeläge nach Tabelle 22, Zeilen 1 und 2 sein, die wohl auch brandschutztechnisch noch toleriert werden dürften. Die weiter oben gegen die Verwendung von weichfedernden Bodenbelägen vorgebrachten Einwände können hier zurückgestellt werden. Die Verbesserungsmaße aller genormter Bodenbeläge dieser Gruppen übersteigen ohne besonderen Nachweis die hier benötigten Werte, so daß ein bauaufsichtlich unkontrolliertes Auswechseln der Bodenbeläge nicht zum Unterschreiten der Mindestanforderungen führt.

4.3 (Trenn-)Wände

4.3.1 Einschalige Wände

Die im üblichen Mauerwerks- und Massivbau verwendeten Innenwandkonstruktionen sind im akustischen Sinne biegesteife einschalige Bauteile. Ihre Schalldämmung kann daher allein aus der flächenbezogenen Masse bestimmt und aus Abb. 24 bequem abgelesen werden. Kennzeichnend ist, daß die Angaben in Abb. 24 weitgehend stoffunabhängig gelten. Voraussetzung ist jedoch ein fugendichter Aufbau (vgl. Tabelle 21) und das Fehlen größerer Hohlräume. Auf die große Bedeutung eines (wenigstens einseitig aufgebrachten) vollflächig haftenden Putzes ist bereits im Abschnitt 3.3.2 hingewiesen worden. Problematisch können „Trockenputze" aus Gipskartonplatten sein.

Die von Trennwänden im Innern eines Gebäudes, also Wohnungstrennwände, Treppenraumwände usw., zu erfüllenden Anforderungen nach Tabelle 8 sind erfüllt, wenn nur die flächenbezogene Masse des Bauteils ausreichend hoch gewählt wird und die Anforderungen an die flankierenden Bauteile erfüllt sind (s. Tabelle 19). Auch die Schalldämmung von einschaligen Außenwänden kann so bestimmt werden.

Die flächenbezogene Masse der Wand ergibt sich aus deren Dicke und deren Rohdichte sowie Zuschlägen für den einseitigen, ggf. zweiseitigen, Putz. Die Verwendung der in DIN 1055 Teil 1 für viele Baustoffe genannten Rohdichten ist allerdings problematisch: Diese Rohdichten sind nämlich im Regelfall gezielt nach oben gedrückt, um bei statischen Bemessungen zu einem auf der sicheren Seite liegenden Ergebnis zu kommen. Für die schalltechnische Bemessung nach Abb. 24 gelangt man mit diesen Eingangsdaten wegen überhöht errechneter Wandmassen im Ergebnis auf die unsichere Seite. Bei Verwendung von Rohdichten aus DIN 1055 Teil 1 tut man also gut daran, die Rohdichten um bis etwa 100 kg/m^3 verkleinert in Ansatz zu bringen.

Wegen dieser Schwierigkeiten sind in DIN 4109 Teil 3, Entwurf 1979, für biegesteife Wände aus Steinen und Platten eigene Rechenwerte für Wandrohdichten festgelegt, die hier als Tabelle 24 abgedruckt sind.

Für den praktischen Gebrauch kann man Abb. 24 für die genormten Steine und Platten auswerten. In Verbindung mit Tabelle 24 erhält man dann erforderliche Mindestdicken für bestimmte Schallschutzanforderungen. Unter Berücksichtigung eines beidseitig insgesamt 50 kg/m^2 schweren Putzes erhält man Tabelle 25.

Tabelle 24: Wandrohdichten einschaliger, biegesteifer Wände aus Steinen und Platten

Spalte	a	b	c
Zeile	Stein- bzw. Platten-Rohdichte nach Norm[1] kg/dm^3	Wand-Rohdichte[2] bei einer Rohdichte des Mauermörtels[3] von 1,8 kg/dm^3 (Normalmörtel) kg/m^3	0,9 kg/dm^3 (Leichtmörtel) kg/m^3
1	2,20	2130	—
2	2,00	1970	—
3	1,80	1800	1660
4	1,60	1630	1490
5	1,40	1460	1320
6	1,20	1260	1170
7	1,00	1060	990
8	0,90	960	900
9	0,80	870	810
10	0,70	780	710
11	0,60	690	620
12	0,50	600	530

1) Werden Hohlblocksteine nach DIN 106, DIN 18 151 und DIN 18 153 (Folgeausgabe z. Z. noch Entwurf) umgekehrt vermauert und die Hohlräume satt mit Sand oder mit Normalmörtel gefüllt, so wird die schalltechnisch wirksame Stein-Rohdichte aus der eigentlichen Stein-Rohdichte und einem Zuschlag von 0,4 kg/dm^3 errechnet.

2) Die angegebenen Werte sind für alle Formate der in DIN 1053 Teil 1 und DIN 4103 Teil 1 (z. Z. noch Entwurf) für die Herstellung von Wänden aufgeführten Steine bzw. Platten zu verwenden.

3) Dicke der Mörtelfugen nach DIN 1053 Teil 1 bzw. DIN 4103 Teil 1 (z. Z. noch Entwurf); bei Wänden aus dünnfugig zu verlegenden Plansteinen und -platten ist als Wand-Rohdichte die Stein- bzw. Platten-Rohdichte zugrunde zu legen.

Tabelle 25: Mindestdicken einschaliger Wände für bewertete Schalldämm-Maße von $R'_W = 37$ dB bis $R'_W = 57$ dB; Wände aus Voll-, Loch- und Hohlblocksteinen sowie aus Wandbauplatten, beidseitig verputzt (insgesamt 50 kg/m²)

Spalte	a	b	c	d
Zeile	Bewertetes Schalldämm-Maß R'_W dB	Stein- bzw. Platten-Rohdichteklasse kg/dm³	Mindestdicke der Wand ohne Putz mm	Flächenbezogene Masse der Wand mit Putz[1]) kg/m²
1	57	1,6	300	540
2		2,0	240	525
3	55	1,4	300	490
4		1,8	240	480
5		0,8	365	370
6	52	1,0	300	370
7		1,2	240	350
8		1,8	175	365
9		0,7	300	285
10	49	0,9	240	280
11		1,2	175	270
12		2,0	115	275
13		0,5	300	230
14	47	0,7	240	235
15		1,0	175	235
16		1,6	115	235
17		0,5	175	155
18		0,7	115	140
19		1,0	100[2])	155
20	42	1,2	80[2])	150
21		1,2	75[2])	145
22		1,4	71	155
23		1,8	52	145
24		0,5	72[2])	95
25	37	0,6	70[2])	100
26		0,7	50[2])	90

[1]) Für den beidseitigen Putz sind 50 kg/m² berücksichtigt.
[2]) Nur für Plattenwände

Hinweis: Die in Abb. 24 dargestellten Kurven sind als Mittelwerte aus vielen Einzelmessungen aufzufassen. So stellen auch die daraus abgeleiteten Tabellen lediglich Mittelwerte der erreichten Schalldämmung dar. Für rechtsverbindliche Bemessungen sind daher Zuschläge erforderlich. Das hier vorgeschriebene Vorgehen lese man in der Neuausgabe von DIN 4109 nach, die nach den Einspruchsberatungen aus der diesem Buch zugrunde liegenden Entwurfsfassung 1979 erarbeitet wird.

Man erkennt, daß man die hohen Werte von $R'_w \geqslant 57$ dB mit 24 cm dickem Mauerwerk erfüllen kann, wenn man Mauersteine der höchsten Rohdichteklasse verwendet. Größere Wanddicken als 24 cm — nur um leichtere Steine verwenden zu können — werden im Gebäudeinnern als unwirtschaftlich angesehen, da sie die Wohn- oder Nutzfläche unnötig verkleinern.

Die in Tabelle 25 in Ansatz gebrachte Putzmasse wird allerdings heute nur noch in wenigen Fällen erreicht: Für Innenputze werden aufgrund DIN 18 550 [29] zunehmend einlagige Werks- und Trockenmörtel aus Gipsmörtel oder Gipskalkmörtel mit einer Rohdichte von 1 000 kg/m^3 verwendet. Solche Putze werden bis herunter zu 1 cm Dicke eingebaut, so daß beidseitige Putze einen Zuschlag zur Wandmasse von nur noch 20 kg/m^2 ergeben. Die flächenbezogenen Wandmassen nach Tabelle 25 sind dadurch um ca. 30 kg/m^2 zu hoch. Wände mit solchen leichten und dünneren Putzen besitzen damit eine um durchschnittlich 1 dB kleinere Luftschalldämmung.

Umgekehrt heißt dies aber auch, daß die Anforderung von $R'_w = 57$ dB nicht mehr mit so verputzten 24 cm dicken Wänden erfüllbar ist. Bei den anderen geforderten Schalldämm-Maßen muß die zum Einsatz kommende Steinrohdichte um eine, ggf. zwei Klassen gegenüber Tabelle 25 erhöht werden, wenn so leichte Innenputze verwendet werden. Diese Probleme sind damit bei Ausschreibung und Bauleitung sehr frühzeitig zu beachten, was vor allem eine Frage der Ausbildung bzw. Information ist.

Als obere technische Grenze für die Schalldämmung einschaliger Bauteile muß $R'_w = 57$ dB angesehen werden. Auch für anders geartete Nebenwege werden in Tabelle 20 keine Ausführungsbeispiele (einschalig) für höhere Luftschalldämm-Maße mehr genannt.

Daß Wände nicht problemlos mit zusätzlichen Bau- oder Dämmplatten versehen und anschließend verputzt werden dürfen, ist bereits im Abschnitt 3.2.1 dargestellt worden. Es entsteht dabei ein zweischaliges Bauteil, dessen Eigenfrequenz einer besonderen Überprüfung bedarf. Eine solche Verkleidung ist glücklicherweise bei inneren Trennwänden im Regelfall nunnötig, da die schalldämmenden Wände die dort geforderten Wärmeschutzwerte sowie die Anforderungen des Brandschutzes erfüllen. Vorsicht muß dagegen bei Außenwänden walten, die zur Verbesserung des Wärmeschutzes (z. B. in der Althaussanierung) nachträglich gedämmt werden. Auch wenn die Anforderungen an die Schalldämmung an die Außenwand (von außen nach innen) zunächst nicht berührt wird, muß doch die Außenwand als flankierendes Bauteil z. B. der Wohnungstrennwand betrachtet werden.

Flankierende Bauteile von Wohnungstrennwänden sind bei üblichen Grundrissen vor allem Treppenraumwände und Außenwände. Erstere sind im Regelfall wegen der Anforderungen an den Brandschutz („so dick wie Brandwände") massive Wände wegen des Schallschutzes von hoher flächenbezogener Masse und damit ohne Probleme bei der Flankendämmung. Letztere sind dagegen häufig wegen des Wärmeschutzes – wenn einschalig – aus leichten Baustoffen, z. B. porosierten Ziegeln, herstellt. Tabelle 19 zeigt hier, daß z. B. bei 30 cm dicken Wänden mit Rohdichten von 700 kg/m^3 die Längsschalldämmung über die Außenwand für die Anforderungen des erhöhten Schallschutzes nicht mehr ausreicht. In solchen Gebäuden muß die Außenwand ebenfalls aus schweren Ziegeln hergestellt werden, wobei der Wärmeschutz durch eine außen angebrachte Wärmedämmung, z. B. sogenannte Thermohaut, erreicht wird. Alternativ kann eine zweischalige Außenwand vorgesehen werden, bei der eine biegeweiche Vorsatzschale innen angebracht wird. Diese Konstruktion ist jedoch in vielfältiger Weise wärmetechnisch gezielt zu optimieren, da hier einige Tücken auf den unerfahrenen Konstrukteur warten können.

Wir kommen hier zu einer interessanten Feststellung: Unter Berücksichtigung der Schallschutzanforderungen erweisen sich einschalige Außenwände für den Geschoßwohnungsbau als nicht immer optimal. Sie erfüllen in der üblichen Dicke von 30 cm bei den für Gasbeton oder Leichtziegeln typischen Rohdichten die Anforderungen an den Schallschutz gegen Außenlärm nach DIN 4109 Teil 6 sicher bis zur Schallschutzklasse IV oder gar V, jedoch sind sie dann in der Rolle als flankierende Bauteile der Wohnungstrennwände oder der Geschoßdecken ohne gezielte Maßnahmen zur Unterdrückung der Nebenwegübertragung zu leicht.

4.3.2 Zweischalige Wände

Die durch das Massegesetz den einschaligen Bauteilen gesetzten Grenzen der Luftschalldämmung können mit richtig konstruierten zweischaligen Bauteilen (Einzelheiten s. Abschnitt 3.2) deutlich übersprungen werden, wie Abb. 28 zeigt. Die Konstruktion zweischaliger Bauteile erfordert jedoch viel an sorgfältiger Detailplanung. Die flächenbezogene Masse ist jedenfalls nur eine der wichtigen Eingangsgrößen, die die erreichbare Schalldämmung beschreiben.

Besonders gute Luftschalldämmungen erreichen *zweischalige Bauteile aus zwei schweren und damit biegesteifen Schalen*. Solche Bauteile sind jedoch besonders empfindlich gegen Schallübertragung auf den in Abb. 27 dargestellten Wegen B und C, also einer Schallübertragung über Schallbrücken und Randanschlüssen. Besondere Sorgfalt muß daher auf die Gestaltung und Ausführung des Zwischenraumes zwischen den Schalen verwendet werden: Eine durchgehende Trennfuge ist herzustellen.

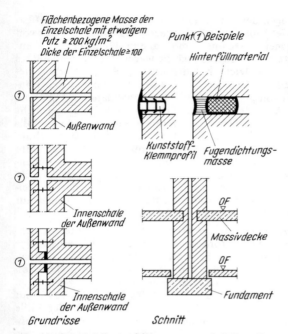

Abb. 46 Prinzipielle Ausführung von zweischaligen Trennwänden aus zwei schweren, biegesteifen Schalen mit bis zur Oberkante Fundament durchgehender Trennfuge. Ausbildung der Fuge siehe Text [18].

Einzelheiten der Ausbildung einer Trennfuge sind in DIN 4109 Teil 3, Entwurf 1979, festgelegt (Abb. 46). Dort heißt es: „Die Dicke der Trennfuge muß mindestens 20 mm, besser $\geqslant$ 30 mm betragen. Der Fugenhohlraum ist bei Fugendicken $<$ 30 mm mit dicht an dicht verlegten mineralischen Faserdämmplatten nach DIN 18 165 Teil 2, Typ T, mit einer dynamischen Steifigkeit $s' < 40$ MN/m^3 auszufüllen. Wird bei Fugendicken $\geqslant$ 30 mm der Fugenhohlraum nicht ausgefüllt, so ist er mit Lehren herzustellen, die nachträglich entfernt werden müssen. Schallbrücken z. B. durch herausquellenden Mörtel müssen unbedingt vermieden werden. In den Außenseiten ist die Fuge gegen Eindringen von Feuchtigkeit, z. B. durch eine witterungsbeständige, dauerelastische Fugendichtungsmasse, zu schützen."

Diese Art der Herstellung von Trennfugen wird sich in der rauhen Baustellenwirklichkeit nur schwer durchsetzen lassen. Es müssen daher

Tabelle 26: Beispiele für zweischalige Wände aus zwei schweren, biegesteifen Schalen mit durchgehender Gebäudetrennfuge

Spalte	a	b	c	d
Zeile	Dicke der Einzel-schalen	Stein-Roh-dichte-klasse nach jeweiliger Norm	Flächenbe-zogene Masse der Wand ein-schließlich beidseitigem, je 15 mm dickem Putz mit einer Roh-dichte von 1,8 kg/dm³	bewertetes Schall-dämm-Maß R'_W
	cm	kg/dm³	kg/m²	dB
1	2 x 11,5	1,8	460	65
2		1,8	680	70
3	2 x 17,5	1,4	560	68
4		1,0	420	64
5		1,8	910	74
6	2 x 24	1,4	750	71
7		1,0	560	68

weitere Ausführungsdetails, z. B. mit anderen Trittschalldämmplatten ähnlich kleiner dynamischer Steifigkeit, erprobt werden.

Die Luftschalldämmung R'_W solcher sorgfältig aufgetrennter Wände kann aus der Summe der flächenbezogenen Massen der beiden Einzelschalen – wie bei einschaligen biegesteifen Wändern – nach Abb. 24 ermittelt werden; dabei sind den abgelesenen Werten für R'_W 10 dB zuzuschlagen. Eine auf zwei Halbwände aufgeteilte Wand besitzt also näherungsweise eine um 10 dB größere Luftschalldämmung als die gleich schwere einschalige Wand, wobei es allerdings entscheidend auf die Qualität der Trennfuge ankommt.

Ausführungsbeispiele sind in Tabelle 26 dargestellt. Andere Wandbauarten, z. B. aus Steinen anderer Rohdichteklassen, können nach der im Text beschriebenen Regel bemessen werden.

Die Luftschalldämmung einschaliger, biegesteifer Wände kann mit *biegeweichen Vorsatzschalen* nach Abb. 47 verbessert werden. Sie

135

Bild	Wandausbildung	Beschreibung
1	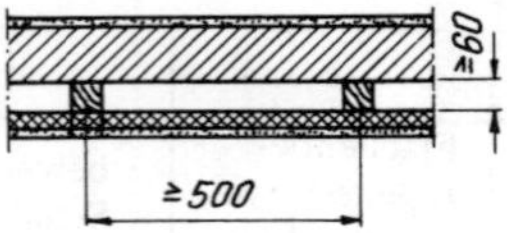 ≥ 500, ≤ 60	Vorsatzschale aus Holzwolle-Leicht-bauplatten nach DIN 1101 (Folgeaus-gabe z.Z. noch Entwurf), Dicke ≥ 25 mm, verputzt, Holzstiele (Ständer) an schwerer Schale befestigt; Ausfüh-rung nach DIN 1102 (Folgeausgabe z.Z. noch Entwurf).
2	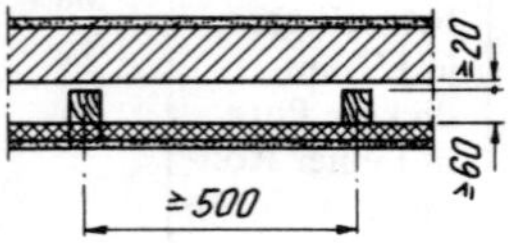 ≥ 500, ≤ 20, ≤ 60	Ausführung wie Bild 1, jedoch Holz-stiele (Ständer) mit Abstand ≥ 20 mm vor schwerer Schale freiste-hend.
3	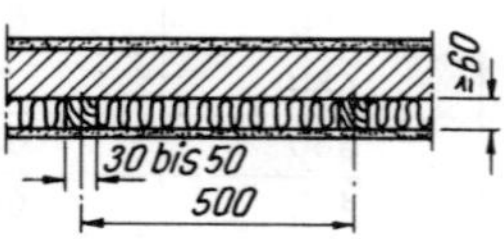 30 bis 50, 500, ≤ 60	Vorsatzschale aus Gipskartonplatten nach DIN 18 180, Dicke 12,5 oder 15 mm, Ausführung nach DIN 18 181 und DIN 18 183 Teil 1 (z.Z. noch Ent-wurf) oder aus Spanplatten nach DIN 68 763, Dicke 10 bis 16 mm; mit Holzraumausfüllung[1]). Holzstiele (Ständer) an schwerer Schale be-festigt[2]).
4	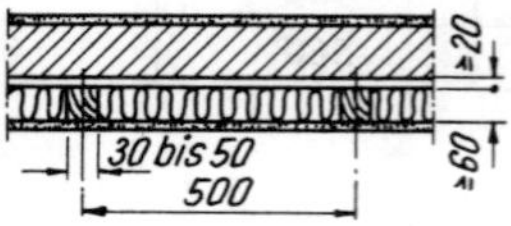 30 bis 50, 500, ≤ 20, ≤ 60	Ausführung wie Bild 3, jedoch Holz-stiele (Ständer) mit Abstand ≥ 20 mm vor schwerer Schale freistehend[2]).
5	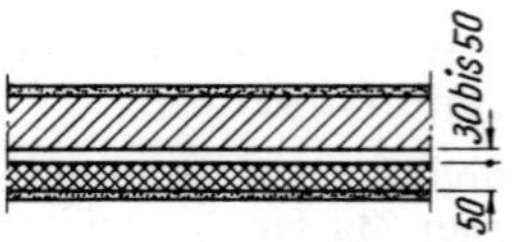 30 bis 50, 50	Vorsatzschale aus Holzwolle-Leicht-bauplatten nach DIN 1101 (Folgeaus-gabe z.Z. noch Entwurf) Dicke 50 mm, verputzt, freistehend mit Abstand von 30 bis 50 mm vor schwerer Schale, Ausführung nach DIN 1102 (Folgeaus-gabe z.Z. noch Entwurf); bei Ausfül-lung des Hohlraums nach Fußnote 1 ist ein Abstand von 20 mm ausreichend.
6	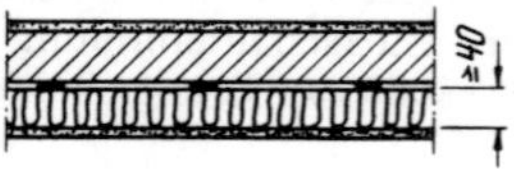 ≤ 40	Vorsatzschale aus Gipskartonplatten nach DIN 18 180, Dicke 12,5 mm oder 15 mm und Faserdämmplatten[3]), Aus-führung nach DIN 18 181, an schwere Schale streifenförmig angesetzt.

Abb. 47   Beispiel für zweischalige Wände aus einer schweren, biegesteifen Schale und einer biegeweichen Vorsatzschale (nach DIN 4109 Teil 3 [18]). Derartige Vorsatzschalen sind auch zur nachträglichen Sanierung von unter-bemessenen einschaligen Wänden brauchbar. Leistungsfähigkeit s. Tabelle 27 und Abb. 28.

136

hängt auch von der flächenbezogenen Masse der biegesteifen Wand und von der Ausbildung der flankierenden, einschaligen, biegesteifen Wände ab. Angaben hierüber enthält Tabelle 27, Spalten b bis d. Für andere flankierende Bauteile gilt Tabelle 19, Zeilen 14 bis 20, Spalten d bis g.

Die hier genannten Vorsatzschalen stellen in vielen Fällen ein wirksames Mittel zur Sanierung nicht ausreichender Trennwände dar, wobei gerade die Vorsatzschale nach Zeile 6 in Abb. 47 wegen ihrer geringen Einbaudicke sehr geeignet ist. Ein Blick auf Tabelle 19 und 20 zeigt, daß solche Vorsatzschalen auch gut brauchbar sind, um unterbemessene flankierende Bauteile zu heilen. So steht dem Praktiker gerade mit solchen auch nachträglich, teilweise trocken noch leicht zu montierenden Systemen ein besonders wichtiges Hilfsmittel zur Verfügung.

Werden solche Vorsatzschalen an Außenwänden verwendet, so müssen die besonderen Probleme des Wärme- und Feuchtigkeitsschutzes, insbesondere der Wasserdampfdiffusion beachtet werden.

Biegeweiche Schalen besitzen in aller Regel nur geringe Flächengewichte. Die erzielbare Schalldämmung *zweischaliger Wände aus zwei biegeweichen Schalen* ist relativ zum Flächengewicht sehr groß, absolut gesehen jedoch beschränkt (vgl. auch Abb. 28). Wegen des Gewichtsvorteils haben solche Bauteile vor allem ihren Markt im Ausbau von Skelettbauten, im Bauen mit vorgefertigten Teilen und natürlich im Holzbau.

Da derart leichte Schalen nur eine beschränkte Festigkeit — auch gegen horizontale Stöße — haben, ist das tragende Gerippe, ggf. die Randeinspannung, von entscheidender Bedeutung. Verbindet dieses Gerippe beide Schalen, so kommt es überwiegend zur Schallübertragung auf dem Weg B in Abb. 27 und die Schalldämmung bleibt bescheiden. Ordnet man aber jeder Schale ein eigenes Gerippe zu, so werden die Wände recht dick. Solche Wände erreichen aber dann auch ganz erstaunliche Schalldämmungen. Dies gilt insbesondere im Bereich der Holzhäuser, bei denen die Flankenübertragungen besonders niedrig gehalten werden können (Einzelheiten s. DIN 4109 Teil 8).

Fußnoten zu Abb. 47

1) Faserdämm-Matte oder -Platte nach DIN 18 165 Teil 1, Typ WZ-w oder W-w, Nenndicke 40 bis 60 mm, längenbezogener Strömungswiderstand $5 \cdot 10^3 \leqslant \Xi \leqslant 50 \cdot 10^3$ N · s/m^4.
2) Bei den Beispielen nach den Bildern 3 und 4 können auch Ständer aus Blech-C-Profilen nach DIN 18 182 verwendet werden.
3) Faserdämmplatte nach DIN 18 165 Teil 1, Typ WV-s, Nenndicke $\geqslant 40$ mm, $s' \leqslant 5$ MN/m^3.

Tabelle 27: Zweischalige Wände aus einer schweren, biegesteifen Schale mit biegeweicher Vorsatzschale; Ausführungsbeispiele nach DIN 4109 Teil 3, Entwurf 1979

Spalte	a	b	c	d
	Trennender Bauteile			Flankierender Bauteil
Zeile	Bewertetes SchalldämmMaß R'_w dB	Flächenbezogene Masse der schweren Schale mindestens[1]) kg/m²	Biegeweiche Vorsatzschale nach Abb. 47, Bild	Flächenbezogene Masse flankierender einschaliger, biegesteifer Wände mindestens kg/m²
1	37	85	1, 3	85
2	42	85	1, 3	150
3	47	85	1, 3	200
4	49	100	1, 3	250
5		100	2, 4, 5	350
6	52	200	1, 3	350
7		200	2, 4, 5, 6	100
8	55	300	2, 4, 5, 6	350
9	57	400	2, 4, 5, 6	350
[1]) Einschließlich etwa vorhandenem, einseitigem Verputz				

Wegen der zur Hohlraumdämpfung zwingend erforderlichen Faserdämmstoffe im Wandzwischenraum besitzen solche Wände stets große Wärmedurchlaßwiderstände und sind daher in vielfältiger Weise als Außenbauteile brauchbar, wenn es durch konstruktive Maßnahmen an den Elementstößen gelingt, die Flankenübertragung, bezogen auf innere Trennwände, kleinzuhalten.

Einige Beispiele zweischaliger Wände aus zwei biegeweichen Schalen sind in Abb. 48 zusammengestellt. Weitere Beispiele sind in den ausführlichen Unterlagen der Arbeitsgemeinschaft Holz und der Gipskartonplattenhersteller enthalten.

Das Gerippe kann auch aus Blech-C-Profilen nach DIN 18 182 bestehen, wobei die Schalldämmung teilweise die Angaben in Abb. 48 übersteigt. Die Dicke der Gipskartonplatten darf alternativ bis 18 mm betragen. Wegen der Biegeweichheit darf sie nicht beliebig vergrößert werden. Die Spanplatten und Holzfaserplatten dürfen nicht durch Lei-

Spalte	a	b	c	d	e	f
	R'_w dB	Wandausbildung mit Stielen (Ständern) und ein- oder zweilagiger Bekleidung aus – Gipskartonplatten nach DIN 18 180 (Gk) – Spanplatten nach DIN 68 763 (Sp) – poröse Holzfaserplatten nach DIN 68 750 (Hf)	Bekleidung Art	Bekleidung Dicke beiderseitig je mm	Schalenabstand s mm	Dicke der Dämmstoffe s_D mm

Zweischalige Einfachwände — Bild 1

Bild	Zeile	R'_w (dB)	c – Art	d (mm)	e – s (mm)	f – s_D (mm)
1	1.1	37	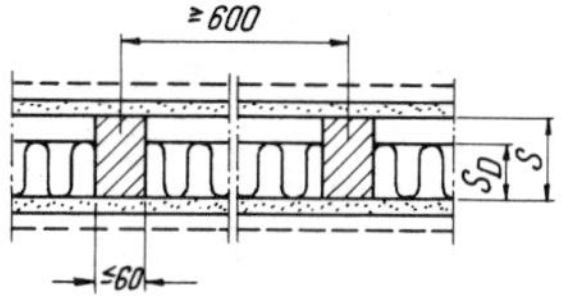 Gk	1 x 12,5	≥ 60	≥ 40
1	1.2	37	Sp	1 x 13	≥ 60	≥ 40
1	2.1	42	Gk und Sp	1 x 9,5 und 1 x 13	≥ 60	≥ 40
1	2.2	42	Gk und Hf	1 x 12,5 und 1 x 15	≥ 80	≥ 60
1	2.3	42	Sp und Hf	1 x 13 und 1 x 15	≥ 80	≥ 60
2	3.1	42	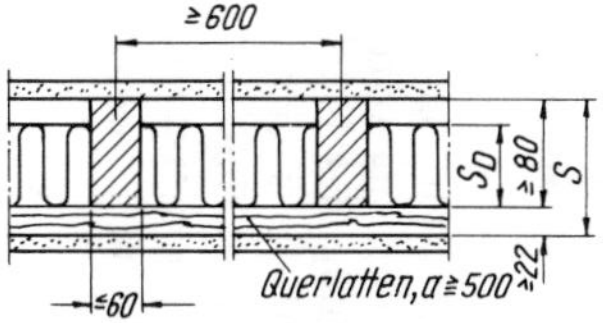 Gk	1 x 12,5	≥ 100	≥ 60
2	3.2	42	Sp	1 x 13	≥ 100	≥ 60
3	8	49	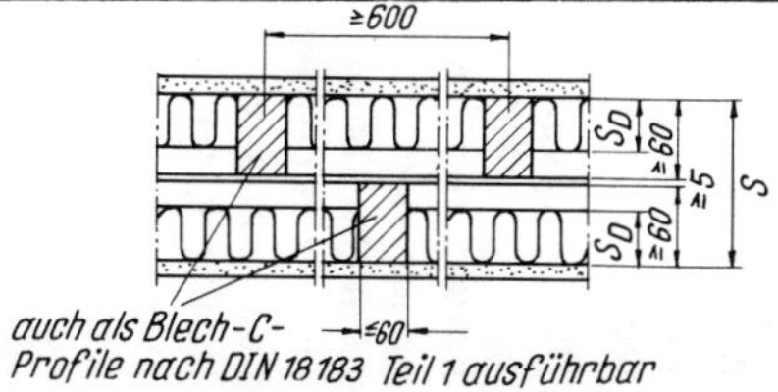 Sp	1 x 13	≥ 125	2x (≥ 40)

Bild 1 (Spalte b): ≥600 ; S ; S_D ; ≤60

Bild 2 (Spalte b): Anordnung der Bekleidung in Spalte c von innen nach außen ; ≥600 ; Querlatten, a ≤ 500 ; S ≤ 80 ; S_D ; 22 ; ≤60

Bild 3 (Spalte b): Zweischalige Doppelwände ; S ; S_D ; S ≤ 60 ; ≤ 60 ; auch als Blech-C-Profile nach DIN 18 183 Teil 1 ausführbar

Abb. 48   Beispiele zweischaliger Wände aus zwei biegeweichen Schalen (Auszug aus DIN 4109 Teil 3 [18]).

mung mit den Ständern verbunden werden − auch wenn dies statisch günstiger wäre − weil sonst die akustische Kopplung der Schalen zu groß wird. Es müssen mechanische Verbindungsmittel, wie Nägel, Schrauben oder Klammern verwendet werden. Der Dämmstoff dient vor allem der Hohlraumdämpfung. Der längenbezogene Strömungswiderstand muß daher zwischen 5 000 und 50 000 Ns/m^4 liegen.

Die angegebenen Schalldämmwerte gelten für die im Massivbau üblichen Nebenwege. Sonst ist DIN 4109 Teil 7 und Teil 8 anzuwenden.

Die angegebene Schalldämmung wird nur erreicht, wenn die Fugen und Stöße der montierten Wände und vor allem die Randanschlüsse umlaufend dicht sind. Hier ist besondere Sorgfalt bei der Planung und Ausführung notwendig. Wegen der Bautoleranzen gibt es häufiger Probleme beim Deckenanschluß. Da die Wände zusätzlich in vielen Fällen als nichttragend konstruktiv ausgebildet sind, unterbleibt zum Ausgleich von Verformungen der Decke ein formschlüssiger Anschluß, wenn nicht ganz bewußt ein verschieblicher Anschluß konstruiert wird.

Da die genannten Wände im Rahmen des Innenausbaus − also recht spät − montiert werden, wird der Praktiker mitunter verleitet, die notwendige Trennung der Estrichplatte unter der Trennwand zu vergessen oder er wird die Trennwand nur bis zur Unterkante einer Unterdecke führen, ohne sich um die ggf. notwendige Abschottung des Deckenhohlraumes zu kümmern. Werden die leichten Trennwände nicht durch massive Wände, sondern ebenfalls durch leichte Trennwände flankiert, so ergeben sich zusätzliche Probleme der Flankenübertragung, die nur mit einer sorgfältigen Detailplanung der Anschlüsse und Kreuzungspunkte gelöst werden können (vgl. auch Abb. 38). Wichtig ist hier vor allem die Auftrennung der raumseitigen Schale der flankierenden Wand innerhalb der Trennwand, um eine unmittelbare Schallübertragung auf einem Abb. 37 b analogen Weg zu unterdrücken.

Hinweis: Bei Außenwänden können belüftete leichte Vorhangfassaden nicht als akustisch zweite Schale in Ansatz gebracht werden. Die Schalldämmung wird (fast) ausschließlich durch die tragende Außenwand, wenn diese einschalig ist, also allein durch deren Flächengewicht, bestimmt. Lediglich bei „zweischaligem Mauerwerk" nach DIN 1053 Teil 1 darf mit der Summe der Flächengewichte in die Abb. 24 hineingegangen werden. Ein Zuschlag wie bei Bauteilen aus zwei biegesteifen Schalen mit einer Trennfuge nach Abb. 46 darf allerdings nicht gemacht werden.

4.4 Dächer

Anforderungen zum Schallschutz bei Dächern werden nur im Rahmen des Außenlärmschutzes gestellt. Das vom Standort des Gebäudes abhängige Anforderungsniveau ist, von seltenen Fällen abgesehen, niedrig im Vergleich zu dem von inneren Trennwänden und Geschoßdecken. Eine Ausnahme stellen begehbare Dächer dar, also Dachterrassen über fremden Aufenthaltsräumen, die die Trittschallanforderungen der Geschoßdecken zu erfüllen haben und daher einen schwimmenden Bodenbelag oder federnd gelagerte Fußbodenplatten erhalten müssen. Für $TSM \geqq 10$ dB gibt es bisher allerdings erst wenige erprobte und ausreichend wetterbeständige Konstruktionen.

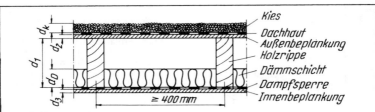

Beplankungen z. B. aus:
- Holzwerkstoffen (Spanplatten nach DIN 68 763 oder DIN 68 764 Teil 1 und Teil 2; Bau-Furnierplatten nach DIN 68 705 Teil 3)
- Gipskartonplatten nach DIN 18 180

Zeile	Bewertetes Schalldämm-Maß R'_W in dB	Anforderungen an die Ausführung
1	30	$d_1 \geqslant 160$ mm; $d_{2,3} \geqslant 12$ mm[1]); $d_D \geqslant 40$ mm; ohne/mit Zwischenlattung an der Unterseite
2	35	Wie Zeile 1, jedoch mineralische Faserdämm-Matte oder -Platte nach DIN 18 165 Teil 1. Typ WZ-w oder W-w, mit längenbezogenem Strömungswiderstand $5 \cdot 10^3 \leqslant \Xi \leqslant 50 \cdot 10^3$ N s/m^4 und $d_D \geqslant 60$ mm
3	40	Wie Zeile 2, Kiesauflage mit $d_K \geqslant 30$ mm.
[1]) Die Außenbeplankung kann auch in Nut-Feder-Holzschalung ausgeführt werden.		

Abb. 49   Beispiele für (Flach-) Dächer in Holzbauweise mit Anforderungen an den Schallschutz gegen Außenlärm, (s. DIN 4109 Teil 6 [21]).

Zeile	Bewertetes Schalldämm-Maß R_w in dB		Anforderungen an die Ausführung
1	35	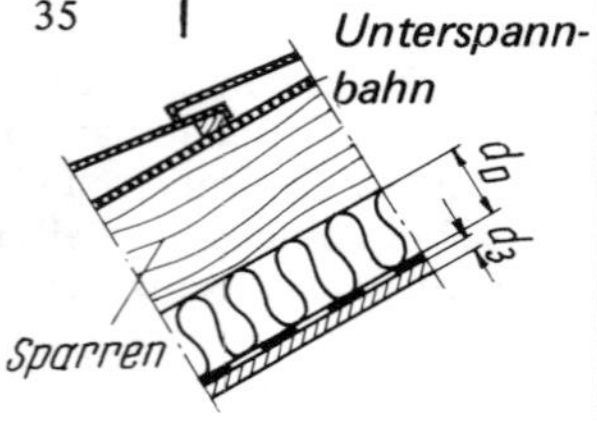 *Unterspann-bahn* / *Sparren*	An der Oberseite Dacheindeckung mit Unterspannbahn; Mineralische Faserdämm-Matte oder -Platte nach DIN 18 165 Teil 1, Typ WZ-w oder W-w, mit längenbezogenem Strömungswiderstand $5 \cdot 10^3 \leqslant \Xi \leqslant 50 \cdot 10^3$ N s/m^4 und $d_D \geqslant 60$ mm; an der Unterseite Holzwerkstoffplatten oder Gipskartonplatten mit $d_3 \geqslant 12$ mm; ohne/mit Zwischenlattung
2	40	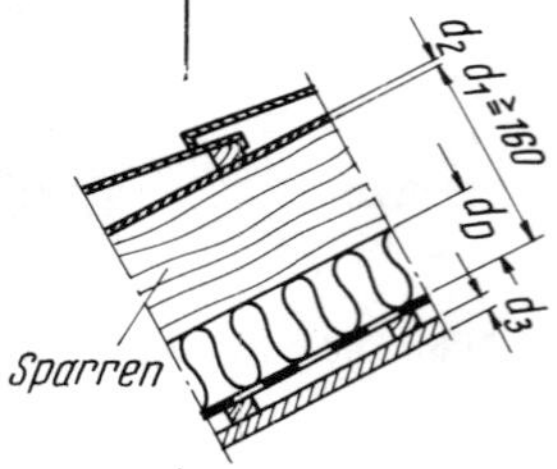 *Sparren*	An der Oberseite Dacheindeckung und Holzwerkstoffplatte (z.B. harte Holzfaserplatte nach DIN 68 754 Teil 1) mit $d_2 \geqslant 3$ mm oder Unterspannbahn; Mineralische Faserdämm-Matte oder -Platte nach DIN 18 165 Teil 1, Typ WZ-w oder W-w, mit längenbezogenem Strömungswiderstand $5 \cdot 10^3 \leqslant \Xi \leqslant 50 \cdot 10^3$ N s/m^4 und $d_D \geqslant 60$ mm; an der Unterseite Holzwerkstoffplatten oder Gipskartonplatten mit $d_3 \geqslant 12$ mm und $g_3 \geqslant 10$ kg/m^2 auf Zwischenlattung
3.1	45	Bild wie Zeile 2	Wie Zeile 2, jedoch mit Anforderungen an die Dichtheit der Dacheindeckung: z.B. Asbestzementdachplatten nach DIN 274 Teil 3 auf Rauhspund $\geqslant 20$ mm, Falzdachziegel nach DIN 456 bzw. Betondachsteine nach DIN 1115, nicht verfalzte Dachziegel bzw. Dachsteine in Mörtelbettung
3.2		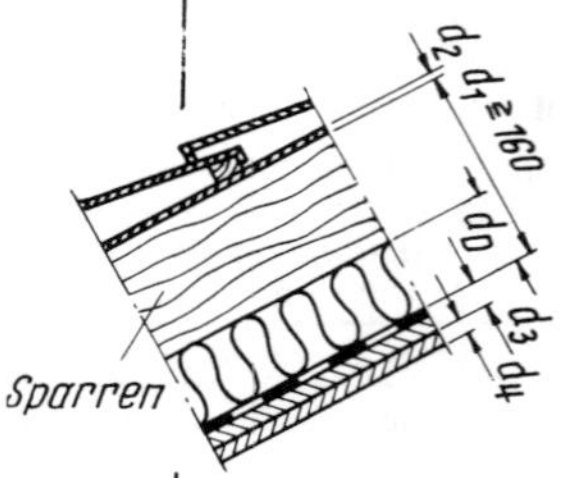 *Sparren*	Wie Zeile 3.1, jedoch ohne Zwischenlattung; zusätzlich raumseitige Bekleidung aus Holz oder Holzwerkstoffplatten mit $g_4 \geqslant 6$ kg/m^2

Abb. 50   Beispiele für geneigte Dächer mit Anforderungen an den Schallschutz gegen Außenlärm (s. DIN 4109 Teil 6 [21]).

142

Angesichts der sonst geringen Luftschallanforderungen brauchen Dächer nicht besonders schwer zu sein: Einschalige Dächer (massive Decken mit Wärmedämmung, Dampf- und Regensperren) werden näherungsweise mit Hilfe von Abb. 24 aufgrund ihres Flächengewichts bemessen, auch wenn das schwingungstechnische Verhalten der wärmedämmenden und dichtenden Schichten im Einzelfall nicht genau bekannt ist. Man erkennt, daß im Regelfall höchstens der Einsatz von Dächern aus Gasbetonplatten örtlich beschränkt sein könnte; dichtere Baustoffe sind ohne Probleme.

Bei leichten, unbelüfteten Flachdachkonstruktionen ergeben sich ähnliche Gesetzmäßigkeiten wie bei Trennwänden aus zwei biegeweichen Schalen. Als Beispiel seien Konstruktionen aus DIN 4109 Teil 6, hier als Abb. 49, zitiert.

Geneigte Dächer werden im Regelfall gedeckt und nicht gedichtet. Die vielen bei diesen Dächern vorhandenen Fugen innerhalb der Dacheindeckung müssen durch ein Unterdach/Unterspannbahn kompensiert werden. Von Vorteil ist es, wenn die aus wärmetechnischen Gründen notwendige Wärmedämmschicht ein auch akustisch wirksamer Dämmstoff, also ein Faserdämmstoff anstelle von Schaumkunststoffen ist. Eine zusätzlich als Träger der inneren Schale eingebaute Zwischenlattung läßt die sonst linienförmigen Kontakte zwischen Sparren und Verkleidung zu eher punktförmigen verkümmern (Kreuzungspunkte zwischen Sparren und Zwischenlattung), was die Schallübertragung mindert. Die Zwischenlattung vergrößert zusätzlich den Schalenabstand, was ebenfalls zur Erhöhung der Luftschalldämmung beiträgt. Die Luftschalldämmung geneigter Dächer ist an einigen Beispielen in Abb. 50 dargestellt. Die Beispiele entstammen ebenfalls DIN 4109 Teil 6.

4.5 Türen und Fenster

Anforderungen an die Schalldämmung bestimmter Türen, z. B. Wohnungsabschlußtüren, werden erstmalig in der Entwurfsfassung 1979 von DIN 4109 Teil 2 formuliert. Erhebliche Einsprüche hiergegen liegen vor, so daß zur Zeit noch nicht gesagt werden kann, in welchem Umfang Schallschutzanforderungen künftig in das verbindliche Baurecht übergehen werden. Ähnliches gilt für die Anforderungen an Fenster hinsichtlich der Schalldämmung gegen Außenlärm, da auch von DIN 4109 Teil 6 noch nicht bekannt ist, auf welche Weise sie bauaufsichtlich eingeführt werden wird.

Angesichts der Rechtsunsicherheit verhielt sich die Industrie bisher abwartend vor allem bei der breiten Entwicklung schalldämmender Türen. So gibt es insbesondere zur Zeit keine Konstruktionsnorm, nach der Türen hergestellt werden können, deren Schalldämmung ohne besonderen Nachweis angegeben werden kann. Brauchbarkeitsnachweis ist daher zur Zeit im Regelfall die Eignungsprüfung nach DIN 4109 Teil 2. Dieser Zustand ist zu bedauern, wo doch die Bauprinzipien und technischen Probleme bei Türen längst bekannt sind.

Grundlegende Untersuchungsergebnisse enthält die Arbeit von *Gösele* [66], einige Ergänzungen auch [8].

Die Luftschalldämmung von Türen wird bestimmt durch die Art und den Aufbau des Türblattes und die Wirksamkeit der Dichtungen zwischen Türblatt und Zarge bzw. Schwelle. Darüber hinaus ist die Dichtung zwischen Zargen und umgebender Wand wichtig. Viele Untersuchungen (mit dem Ziel der Optimierung des Türblattes) beziehen sich auf die Luftschalldämmung des Türblattes allein, gemessen bei abgedichteten Fugen in einem Prüfstand mit unterdrückten Nebenwegen. Im Vergleich dazu gibt es weniger Messungen an gebrauchsfertigen, also zu öffnenden Türen.

Abb. 51 zeigt eine Zusammenstellung der bewerteten Schalldämm-Maße R_w von gebrauchsfertigen Türen, soweit sie durch von den Herstellern zur Verfügung gestellte amtliche Prüfzeugnisse nachgewiesen worden sind. (Geschlossenes Punktsymbol ●) Gleichzeitig angegeben ist das Schalldämm-Maß des Türblattes allein (offenes Punktsymbol ○). Abb. 51 enthält weiterhin als Vergleich eine von *Gösele* [66] gefundene mittlere Kurve A für einschalige Türblätter ohne eingelegte Dämmplatten.

Die Luftschalldämmung von gebrauchsfertigen Türen liegt je nach Wirksamkeit der Falz- und Schwellendichtungen (auch schon bei neuen Türen!) teilweise erheblich unter der der Türblätter. Abb. 51 zeigt, daß selbst recht schwere Feuerschutztüren, gekennzeichnet mit „F", beim Fehlen besonderer Dichtungen lediglich Werte um 20 dB erreichen. Mit wirksamen Dichtungen, vor allem im Bereich der Schwelle, lassen sich mit gleich schweren Türen aber auch 32 dB überschreiten.

Die große Bedeutung einer wirksamen Abdichtung aller Türfugen für den Schallschutz macht es besonders notwendig, die Zargen und Dichtungen genau auf das Türblatt abzustimmen. Schalldämmende Türen müssen daher als einbaufertige komplette Türelemente, einschließlich der Zarge, konstruiert und eingeplant werden. Dies schließt spätere Änderungen an der Tür auf der Baustelle aus. Hier sind erhebliche Eingriffe in die z. Z. übliche Bau- und Ausschreibungspraxis zu erkennen.

Die Luftschalldämmung der Schlitze an den Türfalzen und der Schwelle ist um so besser, je tiefer und je enger der Schlitz ist. Es ist daher anzustreben, Türdichtungen so zu konstruieren, daß sie zunächst nur

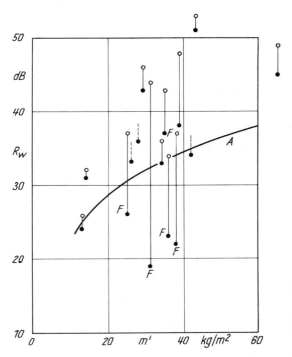

Abb. 51 Bewertete Schalldämm-Maße von Tür b l ä t t e r n (allseitig gegen die umgebende Wand abgedichtet) (Symbol ○) und von gebrauchsfertigen T ü r e n (begehbar) (Symbol ●). Die Verbindungslinien zusammengehörender Meßwerte (○——●) zeigt den teilweise sehr großen Einfluß der vierseitig umlaufenden Dichtungen zwischen Türblatt und Zarge und Schwelle/Fußboden. F kennzeichnet Feuerschutztüren, die in der Vergangenheit ausschließlich ohne Dichtungen auf den Markt gekommen sind. Die Kurve A kennzeichnet mittlere Werte für einschalige Türblätter, nach [66], bei denen alle Fugen abgedichtet sind.

eine sehr kleine Leckrate für Luft besitzen, also die Schlitzbreite wenigstens in einer Ebene überall nahezu Null ist. Dies ist sicher richtig, auch wenn zwischen dem Fugendurchlaßkoeffizienten nach DIN 18 055 Teil 2 und dem Luftschalldämm-Maß keine eindeutige Beziehung hergestellt werden kann.

Abb. 52 zeigt im Prinzip das Aussehen solcher Dichtungen. Die Frage, ob eine doppelte Dichtung einer einfachen stets überlegen ist, scheint nicht eindeutig zu beantworten zu sein. Dichtungen werden erst bei

Tabelle 28: Ausführungsbeispiele für Fenster (Mindestausführungen)

Spalte	1	1	2	3	4	5
Zeile	Bewertetes Schalldämm-Maß R_w in dB	Schallschutzklasse nach VDI 2719	Fensterart	Lichter Scheibenabstand in mm	Gesamtscheibendicken[1] in mm	Zusätzliche Anforderungen an die Falzdichtungen[2]
1	25	[1]	Keine besonderen Anforderungen an Fensterart, Scheibenabstand und -dicken			Keine
2.1			Kastenfenster	Keine Anforderungen an Scheibenabstand und -dicken		
2.2	30	[2]	Verbundfenster			Keine
2.3			Einfachfenster mit Isolierverglasung	12	8	
3.1			Kastenfenster	Keine Anforderungen		
3.2	35	[3]	Verbundfenster	60	6	weichfedernd, dauerelastisch, alterungsbeständig, leicht auswechselbar[3]
3.3			Verbundfenster	40	8	
3.4			Einfachfenster mit Isolierverglasung[4]	Isolierglas mit $R_w \geq 37$ dB[6]		

4	4.1	[4]	40	Kastenfenster	100	8
	4.2				80	10
	4.3			Verbundfenster[4]	80	10
	4.4				60	14
5	5.1	[5]	45	Doppelfenster mit getrennten Rahmen[5]	150	8
	5.2				120	10
	5.3				100	12

[1] Bei Mehrscheibenverglasungen sollen die Scheiben verschieden dick gewählt werden.

[2] Sämtliche Flügel müssen bei Holzfenstern mindestens Doppelfalze, bei Metall- und Kunststoff-Fenstern mindestens zwei wirksame Anschläge haben.

[3] Jeder Flügel oder Blendrahmen muß mindestens ein umlaufendes Dichtungsprofil in der selben Ebene haben.

[4] Es sind mindestens zwei Dichtungsprofile vorzusehen, wobei jedes Dichtungsprofil in einer Ebene ringsum laufen muß. Sie können im Flügel oder Blendrahmen angeordnet sein.

[5] Eine schallschluckende Laibung ist sinnvoll, da sie auch bei durch Alterung der Falzdichtung entstehenden Fugenundichtheiten die Verluste teilweise ausgleichen kann.

[6] Das Isolierglas muß mit einer dauerhaften, im eingebauten Zustand erkennbaren Kennzeichnung versehen sein, aus der das bewertete Schalldämm-Maß R_W und das Herstellerwerk zu entnehmen sind.

Die in der Tabelle den einzelnen Fensterbauarten zugeordneten bewerteten Schalldämm-Maß R_W werden nur eingehalten, wenn die Fenster ringsum dicht schließen. Rahmen und Flügel müssen deshalb zusätzliche Dichtungen (siehe Spalte 5) und ausreichende Steifigkeit haben. Bei Holzfenstern wird auf DIN 68 121 Teil 1 hingewiesen.

Um einen möglichst gleichmäßigen und hohen Schließdruck im gesamten Falzbereich sicherzustellen, müssen eine genügende Anzahl von Verriegelungsstellen vorhanden sein. Zwischen Fensterrahmen und Außenwand vorhandene Fugen müssen gut abgedichtet sein.

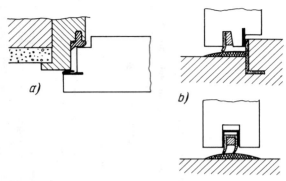

Abb. 52 Prinzipielle Beispiele für Dichtungen zwischen Türblatt und Zarge bzw. Schwelle; Einzelheiten s. auch [8].

großen Andrückkräften zwischen Türblatt und Zarge voll wirksam. Die vorhandenen Kräfte reichen eventuell nur dazu aus, eine der beiden Dichtungen wirksam zu verformen, während die zweite nicht in Funktion tritt.

Die Schlitztiefe an den Fugen ist wegen der Türblattdicke eng begrenzt. So hilft schließlich der Einbau von Dämpfungsmaterial in die Schlitze. Die Dämmung kann außerdem wesentlich verbessert werden, wenn die Fugen nach Art eines Schalldämpfers ausgebildet sind [66].

Das wirksame Abdichten des Türblattes im Falz erfordert auf jeden Fall gegenüber den jetzigen Gewohnheiten erhöhte Kräfte beim Andrücken der Tür. Hierzu sind ggf. heute bei Türen noch unübliche Türbeschläge (keilförmige Fallen, Hinterhaken) notwendig.

Die Luftschalldämmung von Fenstern wird analog den Verhältnissen bei Türen durch die Art der Flügelflächen − von feststehenden Teilen abgesehen, stets aus Glas − und durch die Wirksamkeit der Dichtungen bestimmt. Wegen der Einheitlichkeit der Flügelflächen − aus wärmeschutztechnischen Gründen stets wenigstens zwei Einzelscheiben − kann die Schalldämmung für dichte Fenster recht allgemein angegeben werden, was zu normungsfähigen Konstruktionsmerkmalen für schalldämmende Fenster führt. In Tabelle 28 sind die in DIN 4109 Teil 6, Entwurf 1979, aufgenommenen Angaben zitiert. Man erkennt aus Zeile 2.3, daß Fenster, die die Mindestanforderungen des Wärmeschutzes bei höheren Gebäuden erfüllen, also auch die notwendigen Dichtungen enthalten, ein bewertetes Schalldämm-Maß von $R_w \geqslant 30$ dB besitzen. Dieser Wert kann damit als Mindesanforderung in bauaufsichtliche Bestimmungen übernommen werden.

Grundsätzliche Probleme gibt es mit den aus schallschutztechnischen Gründen stets erforderlichen Dichtungen. Wir sind es aufgrund des bisherigen Standes der Technik gewohnt, daß der aus hygienischen Gründen stets erforderliche Luftwechsel auch bei geschlossenen Fernstern ohne unser Zutun erreicht ist, so daß wir auch ohne zusätzliche Maßnahmen sogar kleine Feuerstätten, z. B. Gasherd und Gas-Durchlauferhitzer, in den Wohnungen betreiben können. Die nun zusätzlich wärmetechnisch motivierten dichten Fenster können den Mindestluftwechsel nicht mehr sicherstellen. Hier sind in erheblichem Umfang Zusatzeinrichtungen erforderlich, die vom Gebäudenutzer auch bedient werden müssen. Der Mindestluftwechsel, der bisher baulich sichergestellt wurde, muß nun betrieblich erreicht werden. Allgemeine Erfahrungen über die Praktikabilität dieses Vorgehens liegen bisher nicht vor.

So ist es gerade der Schallschutz bei Türen und Fenstern, der ein ganz neues Verhalten bei der Benutzung dieser Bauteile erzwingt. Mit einer langjährigen Phase der tatsächlichen Einführung der neuen Anforderungen muß daher gerechnet werden.

Literaturverzeichnis

A. Bücher

[1] Berber, J.: Bauphysik; Hamburg: Verlag Handwerk und Technik

[2] Bobran, H. W.: Handbuch der Bauphysik; Braunschweig: Fr. Vieweg & Sohn Verlagsgesellschaft

[3] Engelländer, K., Diepold, F.: Schallschutz im Bauwesen, Grundlagen; Düsseldorf: Werner-Verlag, WIT Bd. 39

[4] Fasold, W., Sontag, E.: Bauphysikalische Entwurfslehre Bd. 4 – Bauakustik –; Köln: Verlagsgesellschaft Rudolf Müller

[5] Gösele, K., Schüle, W.: Schall, Wärme, Feuchtigkeit; Wiesbaden und Berlin: Bauverlag

[6] Schallabsorptionsgrad-Tabelle des Deutschen Instituts für Normung (DIN); Berlin: Beuth Verlag

[7] Schild, E., Casselmann, H.-F., Dahmen, G., Pohlenz, R.: Bauphysik, Planung und Anwendung; Braunschweig: Fr. Vieweg & Sohn Verlagsgesellschaft

[8] Schulz, P.: Handbuch für den Schall- und Wärmeschutz im Innenausbau; Stuttgart: Deutsche Verlagsgesellschaft

B. Gesetzliche Bestimmungen

[9] Musterbauordnung für die Länder des Bundesgebietes einschließlich des Landes Berlin vom 1. 1. 1960; Schriftenreihe des Bundesministers für Wohnungsbau, Bd. 16; Kommunal-Verlag Recklinghausen (1960) (Hinweis: Die Musterbauordnung wird intern von einer Arbeitsgemeinschaft der Länder „fortgeschrieben".)

[10] Bauordnung für das Land Nordrhein-Westfalen – Landesbauordnung – BauONW v. 27. 1. 1970; z. B. Düsseldorf: Werner-Verlag

[11] Bundesbaugesetz in der Fassung der Bekanntmachung vom 18. 8. 1976; Bundesgesetzblatt I S. 2256

[12] Gesetz zum Schutz gegen Baulärm vom 9. 9. 1965; Bundesgesetzblatt I S. 1214

[13] Gesetz zum Schutz gegen Fluglärm vom 30. 3. 1971; Bundesgesetzblatt I S. 282

[14] Gesetz zum Schutz vor schädlichen Umwelteinwirkungen durch Luftverunreinigungen, Geräusche, Erschütterungen und ähnliche Vorgänge (Bundesimmissionsschutzgesetz − BImSchG) vom 15. 3. 1974; Bundesgesetzblatt I S. 721

[15] Technische Anleitung zum Schutz gegen Lärm (TALärm); Beilage zum Bundesanzeiger Nr. 137 vom 26. 7. 1968

C. Normen

[16] DIN 4109, Teil 1, Schallschutz im Hochbau; Einführung und Begriffe; z. Z. Entwurf Febr. 1979 als spätere Folgeausgabe für die Normausgabe Sept. 1962

[17] DIN 4109, Teil 2, Schallschutz im Hochbau; Luft- und Trittschalldämmung in Gebäuden; Anforderungen und Nachweise; Hinweise für Planung und Ausführung; z. Z. Entwurf Febr. 1979 als spätere Folgeausgabe für die Normausgabe Sept. 1962

[18] DIN 4109, Teil 3, Schallschutz im Hochbau; Luft- und Trittschalldämmung in Gebäuden; Ausführungsbeispiele für Massivbauarten; z. Z. Entwurf Febr. 1979 als spätere Folgeausgabe für die Normausgabe Sept. 1962

[19] DIN 4109, Teil 4, Schallschutz im Hochbau; Schwimmende Estriche auf Massivdecken; Richtlinien für die Ausführung; Ausgabe Sept. 1962, demnächst veraltet, wird ersetzt durch DIN 18 560

[20] DIN 4109, Teil 5, Schallschutz im Hochbau; Schallschutz gegenüber Geräuschen aus haustechnischen Anlagen und Betrieben; Anforderungen und Nachweise; Hinweise für Planung und Ausführung; z. Z. Entwurf Febr. 1979

[21] DIN 4109, Teil 6, Schallschutz im Hochbau; Bauliche Maßnahmen zum Schutz gegen Außenlärm; z. Z. Entwurf Febr. 1979

[22] DIN 4109, Teil 7, Schallschutz im Hochbau; Luft und Trittschallschutz in Gebäuden; Entwurfsgrundlagen für Skelettbauten; Norm in Vorbereitung

[23] DIN 4109, Teil 8, Schallschutz im Hochbau; Luft- und Trittschallschutz in Gebäuden; Entwurfsgrundlagen für Holzhäuser; Norm in Vorbereitung

[24] DIN 18 005, Teil 1, Schallschutz im Städtebau; Hinweise für die Planung, Berechnungs- und Bewertungsgrundlagen; Vornorm Mai 1971 (es existiert der Entwurf April 1976 für eine Folgeausgabe)

[25] DIN 18 041, Hörsamkeit in kleinen bis mittelgroßen Räumen; Ausgabe Oktober 1968

[26] DIN 18 165, Teil 1, Faserdämmstoffe für das Bauwesen; Dämmstoffe für die Wärmedämmung; Ausgabe Jan. 1975

[27] DIN 18 165, Teil 2, Faserdämmstoffe für das Bauwesen; Dämmstoffe für die Trittschalldämmung; Ausgabe Jan. 1975

[28] DIN 18 550, Teil 1, Putz; Begriffe und Anforderungen; z. Z. Entwurf Nov. 1979

[29] DIN 18 550, Teil 2, Putze aus Mörteln mit mineralischen Bindemitteln; Ausführung; z. Z. Entwurf Nov. 1979 als spätere Folgeausgabe für die Normausgabe Juni 1967

[30] DIN 18 560, Teil 1, Estriche im Bauwesen; Begriffe, Bezeichnungen, allgemeine Anforderungen, Prüfung; z. Z. Entwurf Jan. 1979

[31] DIN 18 560, Teil 2, Estriche im Bauwesen; Estriche auf Dämmschichten (schwimmende Estriche); z. Z. Entwurf Februar 1980

[32] DIN 45 630, Teil 1, Grundlagen der Schallmessung; physikalische und subjektive Größen von Schall; Ausgabe Dez. 1971

[33] DIN 45 630, Teil 2, Grundlagen der Schallmessung; Normalkurven gleicher Lautstärkepegel; Ausgabe Sept. 1967

[34] DIN 45 633, Teil 1, Präzisionsschallpegelmesser; Allgemeine Anforderungen; Ausgabe März 1970

[35] DIN 45 633, Teil 2, Präzisionsschallpegelmesser; Sonderanforderungen für die Anwendung auf kurzdauernde und impulshaltige Vorgänge; Ausgabe Nov. 1969

[36] DIN 45 641, Mittelungspegel und Beurteilungspegel zeitlich schwankender Schallvorgänge; Ausgabe Juni 1976

[37] DIN 45 651, Oktavfilter für elektroakustische Messungen; Ausgabe Jan. 1964

[38] DIN 45 652, Terzfilter für elktroakustische Messungen Ausgabe Jan. 1964

[39] DIN 52 210, Teil 1, Bauakustische Prüfungen; Luft- und Trittschalldämmung, Meßverfahren; Ausgabe Juli 1975

[40] DIN 52 210, Teil 2, Bauakustische Prüfungen; Luft- und Trittschalldämmung, Prüfstände für Schalldämm-Messungen an Bauteilen; Ausgabe April 1977

[41] DIN 52 210, Teil 3, Bauakustische Prüfungen; Luft- und Trittschalldämmung, Eignungs-, Güte- und Baumusterprüfungen; Ausgabe Juli 1975

[42] DIN 52 210, Teil 4, Bauakustische Prüfungen; Luft- und Trittschalldämmung, Ermittlung von Einzahlangaben; Ausgabe Juli 1975

[43] DIN 52 210, Teil 5, Bauakustische Prüfungen; Luft- und Trittschalldämmung, Messung der Luftschalldämmung von Fenstern und Außenwänden am Bau; Ausgabe Okt. 1976

[44] DIN 52 210, Teil 6, Bauakustische Prüfungen; Luft- und Trittschalldämmung, Bestimmung der Schachtpegeldifferenz; Ausgabe April 1980

[45] DIN 52 212, Bauakustische Prüfungen; Bestimmung des Schallabsoptionsgrades im Hallraum; Ausgabe Jan. 1961

[46] DIN 52 213, Bauakustische Prüfungen; Bestimmung des Strömungswiderstandes; Ausgabe Mai 1980

[47] DIN 52 214, Bauakustische Prüfungen; Bestimmung der dynamischen Steifigkeit von Dämmschichten für schwimmende Estriche; Ausgabe Sept. 1976

[48] DIN 52 215, Bauakustische Prüfungen; Bestimmung des Schallabsorptionsgrades und der Impedanz im Rohr; Ausgabe Dez. 1963

[49] DIN 52 216, Bauakustische Prüfungen; Messung der Nachhallzeit in Zuhörerräumen; Ausgabe Aug. 1965

[50] DIN 52 217, Bauakustische Prüfungen; Flankenübertragung, Begriffe; Ausgabe Sept. 1971

[51] DIN 52 218, Teil 1, Bauakustische Prüfungen; Prüfung des Geräuschverhaltens von Armaturen und Geräten der Wasserinstallation im Laboratorium, Meßverfahren und Prüfanordnung; Ausgabe Dez. 1976

[52] DIN 52 218, Teil 2, Bauakustische Prüfungen; Prüfung des Geräuschverhaltens von Armaturen und Geräten der Wasserinstallation im Laboratorium, Armaturenanschluß und Durchführung der Prüfung; Ausgabe Dez. 1976

[53] DIN 52 219, Bauakustische Prüfungen; Messung von Geräuschen der Wasserinstallation am Bau; Ausgabe Dez. 1978

[54] DIN 52 221, Bauakustische Prüfungen; Körperschallmessungen bei haustechnischen Anlagen; Ausgabe Mai 1980

D. VDI – Richtlinien

[55] VDI 2081, Lärmminderung bei raumlufttechnischen Anlagen; Entwurf Juli 1977

[56] VDI 2566, Lärmminderung an Aufzugsanlagen; Ausgabe Juni 1971

[57] VDI 2569, Schallschutz im Büro – Planungsempfehlungen –; in Vorbereitung

[58] VDI 2571, Schallabstrahlung von Industriebauten; Ausgabe Aug. 1976

[59] VDI 2719, Schalldämmung von Fenstern; Ausgabe Okt. 1973

[60] VDI 3728, Schalldämmung beweglicher Raumabschlüsse – Türen, Tore und Mobilwände –; in Vorbereitung

[61] VDI 3733, Geräusche bei Rohrleitungen; Entwurf Juli 1978

154

E. Berichte

[62] Jahresbericht 1975 der Bundesanstalt für Materialprüfung (BAM), Berlin 1976; dort Bild 56

[63] Eisenberg, A.: Untersuchung über die Schalldämmung zwischen benachbarten Räumen mit durchlaufendem schwimmenden Estrich; Boden, Wand und Decke (1968), Heft 9

[64] Gösele, K.: Verschlechterung der Schalldämmung von Decken und Wänden durch anbetonierte Wärmedämmplatten; Gesundheitsingenieur (1961) Heft 11

[65] Gösele, K.: Zur Luftschalldämmung von einschaligen Wänden und Decken; Acustica, Bd. 20 (1968) S. 334

[66] Gösele, K.: Schallschutz von Türen; in: Berichte aus der Bauforschung, Heft 63 (1969), Berlin, Wilhelm Ernst & Sohn

[67] Gösele, K., Kuhn, B., Stumm, F.: Schalldämmung von untergehängten Deckenverkleidungen; Bundesbaublatt (1976) S. 132

[68] Gösele, K., Voigtsberger C. A.: Untersuchungen zur Schall-Längsleitung in Bauten; Berichte aus der Bauforschung, Heft 56 (1968), Berlin, Wilhelm Ernst & Sohn

[69] Schneider, P.: Entstehung und Dämmung von Installationsgeräuschen, Luftschall, Trittschall, Körperschall; Berichte aus der Bauforschung Heft 35 (1964), Berlin, Wilhelm Ernst & Sohn

Stichwortverzeichnis

A

Absoluter Nullpunkt 24
Absorption 14
Absorptionsfläche, äquivalente 15,
    18, 29
Absoprtionsgrad 15
Akkord 2
Anforderungen 40
Anforderungstabellen 50, 60, 64,
    66, 68
äquivalenter Dauerschallpegel 13
äquivalentes Trittschallschutzmaß
    34, 84, 86
Armaturen 38
Aufenthaltsräume 48
Ausführungsbeispiel 46
Außenlärm 46, 62, 141

B

Baubestimmung, technische 45, 46
Baulärm 42
Bauordnung 43
Bauschalldämm-Maß 19
Bauteile, einschalig 78
Bauteile, zweischalig 87
Bebauungsplan 42
Bel(l) 6
bewerteter Schallpegel 9
bewertete Schachtpegeldifferenz 28
bewertetes Schalldämm-Maß 24,
    84, 89, 105
Bewertungskurve 8, 9, 22
Bezugsdecke 34, 84, 86
Bezugsdruck 6
Bezugskurve 21, 30
biegeweiche Bauteile 82, 97, 98,
    138
biegesteif 81, 83, 85, 97
Biegewelle 80, 85

D

Dach 141
Dachterasse 141
Dämpfung 14, 16, 118, 137, 140
Dauerschallpegel, äquivalenter 13
Decken 120
Deckenauflage 32, 87, 97, 101, 122
Deutsches Institut für Normung
    DIN 45
Dezibel 6, 10
Dichtungen 148
Dissipation 14
Druckamplitude 3
Durchlaßbereich 3
dynamische Steifigkeit 91, 96, 101

E

Effektivwert 5, 11, 13
Eigenfrequenz 89, 90, 94, 101
Eignungsprüfung 76
einschaliges Bauteil 78, 129
Einzahlangabe 20, 28, 35, 38
Emission 40
Empfangsraum 18
erhöhter Schallschutz 48
Estrich, schwimmender 47, 100,
    102, 128
Eustachsche Röhre 1

F

Federbügel 125
Feder-Masse-System 89
Fenster 143, 146
Flankenübertragung 19, 30, 104,
    106
Flankendämm-Maß 105
Frequenz 1
Frequenzbereich 20
Frequenzbewertung 9, 10, 21
Fugen 107, 108, 116, 133, 134,
    140

G

Gehbelag, weichfedernd 87, 97, 101, 122
Gehörschutz 10
Geräusch 3
Gesamtgeräusch 11
Gesamtschalldämmung 26, 27
Geschoßdecken 120
Grenzfrequenz 81, 93
Grundrißanordnung 67

H

Hammerwerk 29, 84, 97, 101
haustechnische Anlagen 36, 46, 60, 63
Hertz 1
Hörbereich 1
Hörschwelle 5
Hörvergleich 8
Holzbalkendecke 59, 125

I

Immission 40
Installationsgeräuschnormal IGN 39
Installationsprüfstand 39
Institut für Bautechnik 67

K

Kammerton a 2
Kanäle 27, 115
Klänge 2
Körperschall 17
Körperschalldämmung 29
Koinzidenz 81
konphas 78, 87
Korrekturwerte 34

L

Lärm 40
Lärmpegelbereich 62
Lärmschutzbereich 42
Lautstärke 4, 7
Luftschall 17
Luftschalldämm-Maß 18, 49, 78, 103
Luftschallschutzmaß 21, 23
Luftschicht 87
Luftwechsel 63

M

Massegesetz 79
Mikrofon 5
Mindestschallschutz 41, 75
Mittelungspegel 13, 62
mittleres Schalldämm-Maß 21
Mittenfrequenz 3
Musterbauordnung 43

N

Nachhall 15
Nebenwege 104
Normtrittschallpegel 29
Nutzungsbeschränkungen 41

O

Oktave 2, 4
Oktavfilter 3, 31

P

Pegelmesser 10
phon 8, 10, 25

R

Raumakustik 17
Rauschen, weißes 3
Regeln der Baukunst 43

S

Schacht 27, 115
Schachtpegeldifferenz 27
Schallbrücke 99, 101, 133
Schalldämm-Maß 18, 49, 78, 103
Schalldämm-Maß, bewertetes 24, 84
Schalldämm-Maß, mittleres 21
Schalldruckpegel 6
Schalleistungspegel 6
Schallgeschwindigkeit 4
Schallquelle 4
Schallpegel, bewerteter 9
Schutzzone 42
schwimmender Estrich 47, 98
Schwingungsdauer 2
Senderaum 17
Silbenverständlichkeit 17
Spur 80
Spuranpassung 81
Steifigkeit, dynamische 90
Strömungswiderstand 15, 92, 140

T

technische Baubestimmung 45, 46
Terz 2, 4
Terzfilter 3, 31
Töne, reine 2
Trennwände 129
Treppen 127
Trittschallanregung 29
Trittschalldämmung 28, 49, 78
Trittschallminderung 32, 97, 98
Trittschallpegel 29, 84
Trittschallschutzmaß 30, 97
Trittschallschutzmaß, äquivalentes 34, 84
Trommelfell 1
Türen 143
Türblatt 144

U

Überlagerung, Einzelschallquellen 11

Überschreitung, mittlere 31
Unterschreitung, mittlere 22
unverputzte Bauteile 115

V

Verbesserungsmaß 34, 84, 101, 102
Verkehrslärm 13
Vorsatzschale 137

W

Wände 129
Wasserinstallation 38, 67
weichfedernder Gehbelag 87
Wellenlänge 4

Z

Zimmerlautstärke 38
zusammengesetzte Flächen 25
zweischaliges Bauteil 87, 133

Werner-Ingenieur-Texte (WIT)

Die Schriftenreihe für Studium und Praxis

Bernhard, J.-H.: **Studienführer für den Elektro-Ingenieur** – WIT Bd. 56. 1978. 268 S., kart. DM 25,80

Engelländer, K./Diepold, F.: **Schallschutz im Bauwesen – Grundlagen.** WIT Bd. 39. 1976. 240 S., kart. DM 22,80

Falter, B.: **Statikprogramme für Taschen- und Tischrechner** – WIT Bd. 58. 2. Aufl. 1981. Ca. 224 S., kart. ca. DM 26,80

Fiedler, J.: **Grundlagen der Bahntechnik für Eisenbahnen, S-, U- und Straßenbahnen.** WIT Bd. 38. 2. Aufl. 1980. 348 S., kart. DM 34,80

Finnern, R./Finnern, H.: **Bauvertragsrecht in der Praxis – Teil 1:** WIT Bd. 32. 1972. 120 S., kart. DM 12,80. **Teil 2:** WIT Bd. 33. 1973. 122 S., kart. DM 12,80

Gelhaus, R./Ehlebracht, H./Gelhaus, H.: **Kleine Ingenieurmathematik – Teil 1:** WIT Bd. 29. 1973. 228 S., kart. DM 19,80. **Teil 2:** WIT Bd. 30. 1975. 216 S., kart. DM 24,80. **Teil 3:** WIT Bd. 31. 1977. 252 S., kart. DM 22,80

Habeck-Tropfke, H.-H.: **Abwasserbiologie** – WIT Bd. 60. 1980. 272 S., kart. DM 32,80

Herz, R./Schlichter, H. G./Siegener, W.: **Angewandte Statistik für Verkehrs- und Regionalplaner** – WIT Bd. 42. 1976. 276 S., kart. DM 24,80

Himmler, K.: **Kunststoffe im Bauwesen** – WIT Bd. 62. 1981. 288 S., kart. DM 38,80

Kirchner, K.: **Spannbeton, Teil 1,** Bauteile aus Normalbeton mit beschränkter und voller Vorspannung. WIT Bd. 14. 2. Aufl. 1980. 228 S., kart. DM 36,80. **Spannbeton** – Berechnungsbeispiele. WIT Bd. 43. 1974. 168 S., kart. DM 17,80

Knoblauch, H. F.: **Bauchemie** – WIT Bd. 55. 300 S., kart. DM 34,80

Knublauch, E.: **Einführung in den baulichen Brandschutz** – WIT Bd. 59. 1978. 204 S., kart. DM 26,80

Knublauch, E.: **Einführung in den Schallschutz im Hochbau** – WIT Bd. 64. 1981. Ca. 192 S., kart. ca. DM 36,80

Lewenton, G./Werner, E.: **Einführung in den Stahlhochbau – Teil 1:** WIT Bd. 13. 2. Aufl. 1978. 132 S., kart. DM 14,80. **Teil 2:** WIT Bd. 27. 2. Aufl. 1979. 144 S., kart. DM 19,80

Lohse, G.: **Beispiele für Stabilitätsberechnungen im Stahlbetonbau** – WIT Bd. 66. 1981. Ca. 160 S., kart. ca. DM 36,80

Mantscheff, J.: **Einführung in die Baubetriebslehre – Teil 1: Bauvertrags- und Verdingungswesen.** WIT Bd. 23. 2. Aufl. 1981. 288 S., kart. DM 34,80. **Teil 2: Baumarkt – Schätzungswesen – Preisermittlung.** WIT Bd. 24. 1976. 228 S., kart. DM 24,80

Martz, G.: **Einführung in den ökologischen Umweltschutz** – WIT Bd. 47. 1975. 180 S., kart. DM 19,80

Martz, G.: **Siedlungswasserbau – Teil 1: Wasserversorgung.** WIT Bd. 17. 2. Aufl. 1977. 228 S., kart. DM 25,80. **Teil 2: Kanalisation.** WIT Bd. 18. 2. Aufl. 1979. 216 S., kart. DM 26,80. **Teil 3: Klärtechnik.** WIT Bd. 19. 2. Aufl. 1981. 288 S., kart. DM 36,80

Mausbach, H.: **Einführung in die städtebauliche Planung** – WIT Bd. 5. 3. Aufl. 1975. 108 S., kart. DM 10,80

Mensebach, W.: **Straßenverkehrstechnik** – WIT Bd. 45. 1974. 264 S., kart. DM 26,80

Muth, W.: **Wasserbau – Landwirtschaftlicher Wasserbau** – WIT Bd. 35. 1974. 240 S., kart. DM 25,80

Pietzsch, W.: **Straßenplanung** – WIT Bd. 37. 3. Aufl. 1979. 300 S., kart. DM 29,80

Pohl, R./Keil, W./Schumann, U.: **Rechts- und Versicherungsfragen im Baubetrieb** – WIT Bd. 9. 1975. 192 S., kart. DM 16,80

Reeker, J./Kraneburg, P.: **Haustechnik – Heizung, Lüftung, Klimatechnik** – WIT Bd. 57. 1979. 288 S., kart. DM 28,80

Rübener, R. H./Stiegler, W.: **Einführung in Theorie und Praxis der Grundbautechnik – Teil 1: Flachgründungen, Baugrundverbesserungen, Pfahlgründungen** – WIT Bd. 49. 1978. 252 S., kart. DM 28,80. **Teil 2: Flächenartige Tiefgründungen, Schwimmkastengründung, Baugruben und Sondergebiete** – WIT Bd. 50. 1981. Ca. 240 S., kart. ca. DM 34,80

Runge, P.: **Allgemeine Betriebswirtschaftslehre für Ingenieur- und Fachhochschulen** – WIT Bd. 26. 1971. 120 S., kart. DM 9,80

Schiffers, K./Kübel, E.: **Einführung in die Netzplantechnik** – WIT Bd. 41. 1974. 72 S., kart. 9,80

Schmitt, O. M.: **Einführung in die Schaltechnik des Betonbaues – Teil 1: Konstruktionen** – WIT Bd. 65. 1981. Ca. 240 S., kart. ca. DM 34,80

Schneider, K.-J. (Hrsg.): **Bautabellen** – WIT Bd. 40. 4. Aufl. 1979. 496 S., geb. DM 40,–

Schneider, K.-J.: **Statisch unbestimmte ebene Stabwerke** – WIT Bd. 3. 1973. 276 S., kart. DM 23,–

Schneider, K.-J./Schweda, E.: **Statisch bestimmte ebene Stabwerke – Teil 1:** WIT Bd. 1. 2. Aufl. 1975. 180 S., kart. DM 18,80. **Teil 2:** WIT Bd. 2. 2. Aufl. 1977. 132 S., kart. DM 14,80

Schulz, K.: **Sanitäre Haustechnik** – WIT Bd. 61. 1981. 300 S., kart. DM 38,80

Schweda, E.: **Festigkeitslehre** – WIT Bd. 4. 1976. 264 S., kart., DM 24,80

Spaethe, K.: **Das internationale Einheitensystem im Meßwesen** – WIT Bd. 44. 2. Aufl. 1979. 60 S., kart. DM 9,80

Stiegler, W.: **Baugrundlehre für Ingenieure** – WIT Bd. 12. 5. Aufl. 1979. 228 S., kart. DM 26,80

Stiegler, W.: **Erddrucklehre** – WIT Bd. 46. 1975. 144 S., kart. DM 19,80

Velske, S.: **Baustofflehre – Bituminöse Stoffe** – WIT Bd. 25. 2. Aufl. 1976. 120 S., kart. DM 14,80

Velske, S.: **Straßenbautechnik** – WIT Bd. 54. 1977. 192 S., kart. DM 24,80

Werner, E.: **Tragwerkslehre – Baustatik für Architekten – Teil 1:** WIT Bd. 7. 3. Aufl. 1980. 144 S., kart. DM 24,80. **Teil 2:** WIT Bd. 8. 2. Aufl. 1974. 120 S., kart. DM 14,80

Werner, G.: **Holzbau – Teil 1: Grundlagen** – WIT Bd. 48. 3. Aufl. 1979. 264 S., kart. DM 25,80. **Teil 2: Dach- und Hallentragwerke** – WIT Bd. 53. 1979. 312 S., kart. DM 29,80

Wommelsdorff, O.: **Stahlbetonbau – Teil 1: Biegebeanspruchte Bauteile** WIT Bd. 15. 4. Aufl. 1977. 264 S., kart. DM 24,80. **Teil 2: Stützen und Sondergebiete des Stahlbetonbaus** – WIT Bd. 16. 3. Aufl. 1980. 252 S., kart. DM 29,80

Xander, K./Enders, H.: **Regelungstechnik mit elektronischen Bauelementen** – WIT Bd. 6. 3. Aufl. 1981. 276 S., kart. DM 36,80

Werner-Verlag

Düsseldorf